回到你的内在权威

乔宜思（Joyce Huang）/ 著

华夏出版社
HUAXIA PUBLISHING HOUSE

图书在版编目（CIP）数据

回到你的内在权威 / 乔宜思著. -- 北京：华夏出版社有限公司, 2021.7
ISBN 978-7-5080-9959-0

Ⅰ. ①回… Ⅱ. ①乔… Ⅲ. ①成功心理－通俗读物 Ⅳ. ①B848.4-49

中国版本图书馆CIP数据核字(2020)第102552号

© 乔宜思（Joyce Huang）
本著作中文简体版由成都天鸢文化传播有限公司代理，由著作权人授权华夏出版社有限公司独家发行，非经书面同意，不得以任何形式，任意重制转载。本著作仅限中国大陆地区发行。

版权所有，翻印必究
北京市版权局著作权登记号：图字 01-2016-0555 号

回到你的内在权威

著　　者	乔宜思
责任编辑	陈　迪　王秋实
出版发行	华夏出版社有限公司
经　　销	新华书店
印　　刷	三河市少明印务有限公司
装　　订	三河市少明印务有限公司
版　　次	2021年7月北京第1版　2021年7月北京第1次印刷
开　　本	880×1230　1/32开
印　　张	9
插　　页	6页
字　　数	165千字
定　　价	59.00元

华夏出版社有限公司　网址：www.hxph.com.cn 地址：北京市东直门外香河园北里4号 邮编：100028
若发现本版图书有印装质量问题，请与我社营销中心联系调换。电话：（010）64663331（转）

目录

推荐序一　再次与自己相遇　万芳　001
推荐序二　人类图的自我探险之旅　朱贯纶　003
前　　言　关于人类图，关于我　007

第一章　选择　001

人生由大大小小的决定组成，一个决定引导至下一个决定。因为一张神秘的图表，Joyce踏上学习人类图的奇幻之旅……

本章重点：荐骨——生产者对外界的回应

第二章　请你，戴上分类帽　019

深夜连线的国际人类图学院像是霍格华兹魔法学校，上的第一门课便是理解每个人的类型，因为不同的类型做决定的方式大不同。

本章重点：■显示者■生产者（显示生产者与纯种生产者）■投射者■反映者■四种人生策略■非自己主题

第三章　祖师爷的使命　　057

祖师爷以人类图为这世界带来觉醒与突变，一如他的轮回交叉"号角"，吹起了振奋人心的小喇叭。

本章重点：■人类图的缘起■创立者祖师爷与他的使命■轮回交叉

第四章　非自己的混乱　　077

人类图让Joyce体认，比较源自"制约"，被制约的负面感受则让自己执着于"不是的"自己，无法活出真正的自己……

本章重点：■去制约■九大能量中心空白的混乱■九大能量中心空白的智慧■非自己的对话■空白的意志力中心

第五章　跑一场人生的马拉松　　095

人类图学期中却刚好怀孕，与婆婆的相处触礁。此时却也让Joyce以人类图中闸门与爻的观点，重新检视婆婆的设计，揭开她真实的渴望与本质。

本章重点：■ Personality（个性）■ Design（设计）■闸门 ■爻

第六章　你的天赋才华通道通了没？　　119

什么？！纠结于有没有意义的"困顿挣扎"居然是天赋？如果能以宏观的角度来看通道特质，困顿挣扎是为了带来突变与创新。三十六条通道，各自有不同的特质和任务。

本章重点：■生命的动力■三十六种天赋■通道

第七章　喊出名字一瞬间　　133

每个人心中都躲着怪兽，传说中，如果认出它并喊出它的名字，就能取回属于自己的力量。

本章重点：■体验式课程■投降■逻辑式的疗愈■内在的怪兽

第八章　住在你心里的那一位权威人士　　149

内在权威就像是一位一直以来与你在一起、住在你心里的重量级的权威人士。他知道你真心想说的答案，他知道对你来说最正确的选择。

本章重点：■内在权威■荐骨中心■情绪中心■直觉中心

第九章　十年磨一剑　　159

人类图学习到第五阶段，进行到流年分析与人际关系合图。生命中的事与人都是来教会自己人生的课题。

本章重点：■流年分析■今日气象报告■人际关系合图■能量场■一段关系如何行得通

第十章　我知道，我很棒！　　175

学习完六个阶段，接着就是准备最后一关的检定考试。最困难的不是考试本身，而是这一路上，如何真正看见自己，接纳完整的自己。

第十一章　连接到彼端，到你心的那一端　　187

开始出道做人类图个案解读，面对每一个独一无二的人，洗去他们的灰尘，还原本来面貌。

第十二章　路标显现　　207

回到内在权威与策略，人生对的人、事、物逐一出现。机会与邀约，就像踏上正确旅途上的路标，引领着你，朝前方迈进。

本章重点：■路标出现，怎么知道？■荐骨的回应，真正的意思是什么？

第十三章　梦中的教室　219

走在正确的路上，对的人、事、物必然会逐一来到生命中。扩展自己的过程中，人生角色是一个人与外界建立连接的方式。

本章重点：■信任，生命的节奏■人生角色

第十四章　飞越千万里，合而为一　233

来到西班牙伊维萨小岛，参加人类图二十五周年年会。每一位专攻不同领域的老师都散发出惊人的光彩。原来人类图可以这样应用：饮食、情绪动力、职场、教养、疾病、轮回交叉……

第十五章　婆婆世界的奇幻旅程　251

从你知道自己的人类图设计开始，就已经踏上这一条去制约之路。可分成七个阶段，每一阶段都有不同的蜕变过程。

本章重点：■去制约的旅程■第一阶段：点亮你心中的火花■第二阶段：挖掘潜能■第三阶段：自我整合■第四阶段：平衡■第五阶段：成长■第六阶段：回归中心■第七阶段：实现

后记　260

推荐序一
再次与自己相遇

知名音乐人 万芳

第一次见到Joyce，就觉得她是个既温暖又容易靠近的人。偶尔阅读她持续书写的《人类图——今日气象报告》，会感受到文字背后饱满的爱。

阅读完这本《回到你的内在权威》，我几度跟着她落泪。当她说出"贡献"，当她来到出现在梦中的那间教室，当她和指导老师见面拥抱，当她四十一岁生日时来到好牧人教堂……我仿佛跟着Joyce一起进入与宇宙连接的纯净美好。那泪水来自最原始的触动。

有一种人总是在追寻的路上，跌跌撞撞，她的脆弱就是她的强壮，以同理心去理解并拥抱世界。这位热情温暖的女生，这次透过她自己，以理性与感性兼具的分享，来展现人类图在她生命中进行的改变。借由人类图，重新解读、重新认识自己，进而与生命原始的呼唤重逢。我觉得好美。

我有一位中医师朋友在看诊的聊天中，说了一句让我印象深刻的话，他说："人不就是来改的吗？"哦！人生来就是来改的。但怎么改啊？我们求神问卜算命什么的，常常都只是想要一个答案。都希望别人给我们答案，最好直接告诉我们怎么走、怎么选。我们总是选择容易的、方便的，最好可以不负责任的！然后好像有了安全感似的重蹈覆辙。要改！真的比较累比较难！透过Joyce的解说，重新了解属于自己的人生使用说明书。我喜欢Joyce用"设计"的说法来说明每个人的独特。她会说"关于你的设计"，"来看看你的设计"，"你的设计是……"我喜欢她说"简单来说，如果这辈子的天命是要当一台烘干机，就不用再苦苦勉强自己要成为电视机才行，那人生该会轻松愉快许多吧"。

于是，改变，其实是认识自己、接受自己，然后发挥自己的过程。尊重每个独特的生命。无形中，重新建立和世界的连接。那些制约和传统的包袱也在过程中重新厘清。这样还蛮轻快的！同时，这样的改变，回到自己的内在权威，也唤醒我们此生的意义。

面对生命与死亡，我有时在想人们总忘了当初自己为什么来。于是，透过理解自己生命的独特性，我们会更靠近生命的本质与意义。谢谢Joyce的邀请，我有幸先阅读此书，透过Joyce很生活化的文笔，再次与自己相遇。许多生命若能因此理解而延伸更多的尊重与爱，这世界必然会有更多的微笑。

推荐序二

人类图的自我探险之旅

影一制作所经纪部总监 朱贯纶

四年前一个被大雨困在大安路口的夜晚。

紧贴在小小的一楼大门口罚站了半个小时，雨奇迹似的停了。夜晚十点半，大雨消失的台北，路上一堆像我一样狼狈、要拦出租车的人。没想到雨稍停这样的好运气只维持了十分钟，倾盆大雨又下了起来，笨手笨脚的我连一辆车都没拦到。在全身快要湿透的那一刹那，我跳进二楼的一家咖啡馆避难。

整间咖啡馆，人满到只能坐在吧台。一坐下便发现，右边居然是两位好久不见的朋友。彼此并没有因为许久不见而闲话家常，简单寒暄后，她们自顾自地热烈讨论"某种"咨商过程。因为距离实在太近，也可能彼此实在算熟，她们并不在意讨论的过程被我听见。自诩对各种咨商都略有涉猎，本来想安静地听听就好，没想到愈听愈觉得奇怪，她们在谈论的"人类图"，我怎么听都没听过呢？最后我忍不住开口问，人类图的咨商要找谁呢？这时朋友才说，你终于问了有关人类图的第三个问题，一看到你的时候，就很想跟你说有关人类图的事，觉得你一定会有兴趣，但咨商师说我的人类图类型，一定要对方主动邀请我三次，我才能说出内心想说的话，这样我说的话才会被珍惜。

没错，我的朋友就是人类图中，需要被三顾茅庐、再三邀请的投射者。当她详细地告诉我她的人类图时，我也踏上了我的人类图旅程，从第一次的解读开始，到后面陆陆续续的相关课程。

每个人与人类图的相遇都有种不可说的浪漫，有的是看到人类图气象报告之后内心触电似的开始，有的是朋友间的口碑相传，有的则是像我这种莫名的巧遇。学习人类图之后才发现，这真不是一门容易的学科，但是上过Joyce课程的人一定知道，她就是有办法用非常幽默且生活化的例子让大家快速领会。整整三天的课程，经常就在停不下来的笑声中结束了。其实在这些愉快学习的背后，我们很难想象这些教材与心得，是Joyce连续三年，每天半夜起来与国外连线上课（这段时间里，她还生了一个女儿及一对双胞胎儿子），考取证照，以及消化整理，以平易近人的方式进入到你我的生命中（相信我，那些课本跟大学原文外版书一样令人敬畏）。这样的过程至今七年了，我想她还会持续下去。

　　Joyce对于人类图的热爱不只在于她的自我学习，还在于她对人类图的推广。作为她的朋友，我可以跟大家爆料的是，我们私下的聊天，真的有大半时间是在谈她对人类图的远景与推广过程中的挫折。对，即使她在我心中如此勇猛强大，遇到一切阻碍都直接正面撞飞，连德国人类图老师都赞叹她即使遇到人人闻之色变的冥王星，也会说："冥王星你哪位？"毫不在乎地坚持走自己的路！即使是这样的Joyce，在以推广人类图为己任的过程中，还是会有无数的挫折。但是我始终看到，她在情绪抒发后，奇迹似的又将之转化为更强的动力往前，我想如果不是对人类图有着极深的情感与热爱，深信人类图能帮助每个人更深刻地了解自己，根本无法有这种近乎奉献的精神，一肩扛下亚洲人类图学院推广的重担。

　　在《回到你的内在权威》这本书中，眼尖的你应该可以看出Joyce的一贯精神，即将知识融入生活中。她真的将人类图最核心的基本知识，巧妙地写进了她自己学习人类图的甘苦历程。

　　在情感方面，大家可以体会到Joyce在推广人类图一路走来的艰辛与热情。在知识层面，这更是一本了解人类图的最佳入门书。了解自己，应该是每个人来到地球一辈子的功课。感谢Ra，将人类图带到人间，让我们多了一种非常实用的自我了解法门；谢谢Joyce，发心将这一门发展了近三十年的重要知识，系统地带到亚洲华语世界。相信人类图的自我探险之旅，在你打开这本书的第一页，已经螺旋形式地往时间之上、意识之内，开始进行。

关于人类图，关于我

前言

人类图？什么是人类图？

一开始，是社群网站反复连接网络，莫名其妙地，不知道哪个朋友，又或是朋友的朋友，转贴来一篇又一篇《人类图：今日气象报告》。

你忍不住被这一篇篇的文字吸引了。所谓的人类图气象报告，似乎每天都有个主题，若说这是宣扬正面思考的文章，其实也不尽然，反倒比较像每一天，有一个遥远的好朋友，心有灵犀，跟你很靠近，透过文字，与你说话聊天，时喜时悲，语气有时无比认真，有时又幽默俏皮，同时也巧妙呼应了你当天正在经历的某些内心戏，好神奇。同时你注意到，每篇文章的下方，都会附上一张怪里怪气像是人体剖面图的东西，看起来有些复杂，根本不知道什么意思，似懂非懂之间，每天，你渐渐开始期待着今日气象报告出现，这些文字带来些许暖流，鼓舞了你，也影响了你……

你好奇，上网搜索了"人类图"三个字，发现这些文字源自Joyce Huang的"人类图"博客，也总会定期在"亚洲人类图学院"脸书粉丝专页上分享，你想自己应该找到足够的线索，可以串起来了。应该是，有一个Joyce不断地传播着各式各样与人类图相关的讯息，你开始忍不住猜想着，她是谁？这到底是怎么一回事？这张图看起来真的好复杂，人类图到底是什么呀？有谁可以跟你说分明呀？

人类图，似乎成了一个隐隐成形的地下风潮。

有愈来愈多的人去做了"人类图个人解读"，大家似乎都觉得超乎想象又值得深思，你与周围的朋友皆不约而同买了那本人类图的书《活出你的天赋才华：人类图通道开启独一无二的人生》。一窝蜂似的，大家都印出了那张属于自己的人类图，据说这是每个人的人生使用说明书，不管懂或不懂，翻开书里解释的通道意思，读完觉得很感动又很神奇。还有人选择去上了人类图的相关课程，上完课的这群人，在你的周围或在网络上，异常热烈又兴奋地讨论属于自己与别人的人类图设计，讲来讲去都是一些外星话，通道？类型？闸门？内在权威？人生策略？完全听不懂，你忍不住想知道更多，人类图究竟是什么？是继八字紫微星座命盘的另一种算命工具吗？这张图上有这么多细节，到底是什么意思呢？

我听见了，所以，我写了这本书。

我想以全球首位人类图中文分析师的身份，尽可能以最容易懂的方式，带领你畅游一趟人类图大观园。我也想与大家分享，当初是怎样的因缘际会，让我没有预期地推开了这扇奇妙知识的大门，从此一脚踏进这个神奇的世界。我想与你分享自己的亲身经历，告诉你学习人类图的过程是如何影响了我，还有我周围的人。但愿，透过这本书的文字，能够提供给大家另一个更易懂、更轻松的角度，了解人类图到底是什么。我们可以透过这门博大精深又浩瀚的学问，得知自己与生俱来的天赋与使命，还有此生必须穿越的生命课题。从了解自己开始，每一天都能练习去接纳自己。唯有让自己活得更完整，有能力爱自己，才能跳脱既有的限制与框架，得以同理别人，去理解并真心接纳我们所处的世界。

首先，人类图是什么？

简单来说，每个人出生的那一刻，天上的星星运行到一个特定的位置，在占星上称之为星座命盘。同样的道理，在人类图的领域里，你出生的那一刻，诸多星星行至的相对位置，就构成你的人类图。

从基因矩阵中可知，人类有着无限多排列组合的可能，足以造就每个个体的独特性，人人皆是如此不同，这也真实反映在每个人的人类图设计上。根据你的出生资料（出生时间与出生地点）所运算出来的这张图，里头透露大量的讯息，与一般算命截然不同的是，人类图不预测未来会发生的事件，这张图蕴藏大量的信息，其范畴宛如一本人生使用说明书。这套体系涵盖了意识与潜意识的层次，让每个人得以清楚看见完整的自己，同时精细到足以剖析每个人的本质、与生俱来的天赋才华、此生的天命、必须体悟的人生课题，以及最重要也最实际的是，你该如何根据自己的内在权威与策略来做决定，每一个正确的人生决定，就能导引我们走上实践自己的道路，活出自己。

人类图是一门区分的科学，也是一套全新的综合体系，包含物理学和基因学等现代科学，同时也结合诸多古文明的奥秘：犹太卡巴拉（Kaballah）、印度脉轮（Chakras）、西洋占星学（Astrology）与中国易经。

这个庞大的知识系统于一九八七年，由拉·乌卢·胡（Ra Uru Hu）一人所创立，他是全世界人类图体系的创始人，我常称他是人类图的祖师爷，他所成立的官方体系

(Jovian Archive)在过去二十余年来,于欧美三十余国蓬勃发展,十年前在日本正式设立人类图官方分部,二〇一四年则由我们——亚洲人类图学院——独家承接属于中文的版图,正式成为中国台湾、香港与内地的人类图官方体系分部。

我们相信每一个人到这个世界上,都有其独特的使命。人生这趟旅程宛如一连串的过关游戏,游戏规则是:为了达成使命,老天爷将赋予你足以应变与生存的武器,也就是你的诸多特质与才华,经历人生这趟路,从中成长、茁壮与成熟,你得学会与自己相关的人生课题,累积智慧,同时全力以赴,完整展现自己。源于你的天命之所系,你身处的环境,你所遇到的人,没有意外,都会相互吸引、激荡到你的面前来。

我们活着,面对未知,常常感到慌张与不确定。于是挫败、愤怒、遗憾与憎恨常伴随着对自己的怀疑而苦苦纠缠,为此我们浪费大把青春摸索,走了许多冤枉路,最后尽管努力想将自己修正成众人期待的模样,内心却不知怎么的,总觉得很勉强,有种说不上来的无力感。如果能够清楚知道,自己原来是一个什么样的人,要采用怎样的人生策略才能顺应天地间的韵律,好好过生活,简单来说,如果这辈子的天命是要当一台烘干机,就不用再苦苦勉强自己要成为电视机,那人生应该会轻松愉快许多吧。

人类图就是你的人生使用说明书。

你与别人不同,这世界上每个人都不同,原本如此,也本应如此,如同每部家电都会有属于它的使用说明书。经由人类图,你将知道自己(到底是烘干机、电视机还是根本是台洗衣机),投降于自己(该洗衣服就去洗衣服),最后接受自己(我真的很会洗衣服),爱自己(我是史上无敌厉害、超级猛之全宇宙最赞洗衣机),就此不再对自己心生质疑,只需单纯拥有那原本属于你的独一无二的人生。

关于我,人类图分析师。

常常有人问我,为什么会学习人类图,为什么要成为人类图分析师?

这得回溯到小时候,虽然从来没人告诉我,我也不知道这想法从何而来,但是我从小总觉得,这辈子有件事情对我来说非常重要。那就是,解开每个人内心深处的密码,我将是那传递讯息的人,而这讯息能让禁锢受困的灵魂,可以再度飞翔。

这说来有点像小时候常玩的一种叫红绿灯的游戏,游戏规则是,猜拳输了要当"鬼",其余的要被"鬼"追。如果你跑得不够快,在鬼追上你要捉住你之前,只需大声说

"红灯！"只要你开口说了红灯，"鬼"就不能碰你，你就安全了，这是规则，只是说完红灯之后的你只能待在原地，一动也不动，静待另一个人来救你。你要等待着，那跑来跑去的一大群小朋友里，会有一个真正的好朋友，愿意冒着被"鬼"追的危险，跑到你面前碰你一下，同时大喊"绿灯！"你才能再度奔跑，重获自由。

我非常爱这个游戏，我超爱帮卡住的人大喊"绿灯！"我从小就觉得，这个游戏真实反映出此生我要做的事情。虽然这听来非常不切实际，相当不合逻辑，我想我如果真的大声讲出来，一定会被我那超级实际派的老妈嗤之以鼻："去赚钱啦，不要想这些虚无缥缈的东西，这样会饿死。"显而易见，那毫不留情、强力戳破幻想的大嗓门，就是我妈此生最独特并且自以为傲的天赋异禀。但是，我还是会不由自主被与"传递讯息"相关的事物所吸引，这让我大学选择念营销，工作选择从事品牌营销、做广告（努力用心传递，你得换个洗发精牌子的讯息）……渐渐地，我觉得这似乎不太对劲，内心总有股冲动，想跳脱这一切，渴望以不同以往的方式，去碰触更多人的心灵。

二十九岁那年，我开始去上自我成长课程，后来干脆辞掉广告公司的工作，去旅行，开始写作，开始做翻译，开始做即席口译的工作。然后我结婚了，生了小孩，成为母亲。

决定成为全职妈妈，兼职写专栏，绕着小孩团团转，虽然很幸福，也让我忍不住疑惑着，难道就这样了吗？面临生活中的压力，总会感慨，活着看来那么容易，为什么我却有种快被淹没的感觉？日子匆匆流逝，我有时应付着，有时认真用力活着，却也始终没忘记，这个自童年时代就深藏于内心的秘密。

就这样，日子一天天过去，直到我遇见人类图，突然，有种灵光一闪的感动。

这不就是我长久以来，内心一直渴望要做的事情吗？

解开每个人内心的密码，传递"绿灯"的讯息。揭开每个人与生俱来的使命与天赋，让你明白，今生要学习的重大课题是什么，要鼓起勇气穿越的又是什么，每个人都有其独特的人生策略，就像每部家电机器都有其使用说明书，你总要知道自己的人生使用说明书，才能懂得将自己的优点极大化，活出淋漓尽致、心满意足的人生啊。

九年前，像是来自灵魂层次的召唤，我就顽固且执拗地一头栽进人类图的浩瀚领域中，开始与国际人类图学院（IHDS）连在线课。人类图学海无涯，我像个小徒弟学挑水似的，从最粗浅的第一阶开始学习，慢慢学习，在逐渐体验与验证的过程里，陆陆续续完成七阶段课程，终于正式拿到人类图分析师认证（Individual Rave Analysis），然后像误入桃花源般乐而忘返，总是难以停止渴望探究的心，继续前行，依序得到不同阶段的人类图讲师认证，以及培育讲师的老师认证，从此决定以推广人类图为使命。

我不是灵媒，无法预知你的未来，每个人皆有其自由意志，你的选择会决定生命的方向。人类图是你的人生使用说明书，让你能以最适合自己的方式过生活。我爱人类图，我觉得这是一个非常棒的方式，让你更了解自己真实的生命面貌。

但愿每个人都有机会找到自己，真正感受到生命自由，而这源自我的童年梦想，我的天命之所系。

希望这本书，透过我的分享与书写，能够令你对自己，对生命，对我们所属的世界，产生前所未有的崭新看法，最后我想在此引用祖师爷的一段话：

"在人类图的世界里，没有人的生命是残缺的，也没有人注定一辈子行不通，没有人是坏的、糟的、烂的，又或是沉重不堪。在人类图的世界里没有教条，也没有所谓的道德规范，你不会找到什么好坏对错，只要允许自己去发现，并且记得，每一个人都是如此独一无二的存在，只要你活出自己真实的模样，很多事情其实并不重要，一切就是如此完美，只要你活出自己，你就会明白，完美对你而言是什么，你会看见,自己的美。"

(Ra Uru Hu / Sedona, Arizona June 1997)

放下比较,没有不足,没有选择,爱你自己。
然后看看,接下来会发生什么事情呢?
欢迎你进入人类图的神奇世界。

第一章

选择

　　如果这真的是一个机会，可以告诉我答案，关于人生，关于我此生究竟所为何来？我真的好想知道，我这跌跌撞撞、迷惑的人生历程，到底要完成的使命是什么。

我无法满足于生命的意义，仅止于创造宇宙继起之生命的说法。

从小到大，有一个问题不断冒上来，困扰着我，我想知道每个人来到这个世界上，到底有没有一个目的？我想知道答案，想知道这辈子究竟所为何来，如果有所谓的天命，那么我的天命是什么？如果可以，真想抽丝剥茧将自己一层层剥开，从外包装到里面的内容，清清楚楚看个分明。

我的如意算盘是，若能从自己的天命——该完成的终点，循序而逻辑地往前推，必能省去那些浪费时间、让生命白白虚度的无谓尝试。若能充分了解自己，必能决定从小到大，应该在哪些领域好好下功夫，应该为何而战，或许也能分辨出什么样的朋友可以交，甚至应该嫁给谁，在人生处于关键性的交叉路口时，可以清楚知道自己该如何选择，何时该冒险，何时该收敛，何时该不顾一切放手一搏。只要内在笃定，有足够的智慧能认出正确的方向，做出正确的选择，如此一来，这看似复杂难解的人生，不就可以立即变得省事多了吗？

小时候的我一直认为，世界这么大，必定在某个地方有某个人有办法能告诉我答案。而坊间的算命、催眠、回溯前世今生等方法，虽然很有趣，但是我想知道的是更具象的东西。应该说，我渴望找到一个真实的答案，真实到足以与我的心相呼应，我想象着当我知道的那一刻，灵魂层次必定能与之共振，然后，我整个人都能心领神会地知道，是呀，这就是了，原来这就是我的天命。既然如此，我的存在真正有其意义，真是太有意义了。

幻想也好，异想天开也罢，日子一天天过，我长大，念书，完成学业，看似与众人无异地开始求职，进入社会工作，恋爱结婚。这个"人活着，究竟所为何来？"的疑惑，却一直存在我的心中，时而强大时而微弱。由于一直想不通，所以也就无法放下，既然无法放下，也只好带着挂着，时不时拿出来想一想，渴望有一天会出现解答，不切实际也罢，还是宛如期待天启般，并没有放弃这样的心念与想望。

应该是我内在默默热烈的召唤，发散出强烈的能量，宇宙无形中有股神奇的力量，决定应允我的渴望，以一种不预期的风格，巧妙地将人类图带进我的生命里。

这故事，要从我遇见人类图之前的那一年开始说起。

那一年，我们家的第一个小孩出生了。这个爱笑又白胖的宝宝实在太惹人疼，她的出现，让我毅然决然选择自职场退下，成为一个全职妈妈。这个重要的决定，让过往总在职场上奔波忙碌的我，突然拥有一段非常珍贵的空白。当时的我，只想专心做一整年的全职妈妈，专心煮饭，专心打扫，专心看着亲爱的女儿会坐了，会爬了，跌倒了，摇摇晃晃扶着茶几再站起来,小小的脚丫子踏出第一步,再一步,小小人的成长就像魔法一样,转眼瞬间,她已经会走会跳会跑了,她需要我,就像我需要她,我爱她。那一年,是我的孩子对这个世界探索的初始,也是我开始往内在走得更深入的重要过程。

这段专心当妈妈的时光,美好的时候很美好,苦闷的时候也不免心情低落,我太贪心,我爱我的孩子,也领受了当妈妈无与伦比的幸福,但是我也明白自己还不愿意,从今往后甘于待在家中带小孩,而失去那个原本独立自主的、不是妈妈这个角色的自己。如果我问自己接下来想做什么呢,下一步会是什么呢?当然我这发达的大脑,可以合理地列出许多看似不错的机会与切入点,这些选项表面看起来都很好,很正确,只是如果对自己诚实,却没有任何一项,足以让我由内产生燃烧般的热情,是我真心想做的事情。

不清楚下一步该怎么做,回职场是其中一个选择,但是我却隐隐约约觉得我已经做够了。已经三十几岁的我,想找到某件自己真心喜欢的事情,这或许太过任性,但是我很清楚,自己不愿意继续妥协下去了。

既然不知道要做什么,那就多方尝试吧。我总是趁孩子熟睡,偷任何可能的空档,尽量让自己大量写作。我有好多想说的话,化为文字,像是一回又一回内在的总整理,有些发表在博客上，有些发表在杂志的专栏里，还有更多静静躺在计算机的档案夹里，一篇又一篇，都是我想对自己说的话。我写下已经想通了的或尚且无解的纠结，写着对自己的怀疑，也写下鼓励的话语，勉励自己要有信心。写出当下对幸福的认知，也反复辩证着自由的定义，思考着对我而言，真正重要的是什么，不可舍弃的是什么，不愿意放下的、苦苦执着的，又是什么呢？

现在回头再看，茧居在家那一年，幸福与焦虑，同时存在着。内在的纠结宛如在小剧场里演出的剧目一般轮番上演着，慌张，笃定，三心二意，感觉到有志难伸，放空的时候觉得自己不应该，想奋斗又不知道该把力气放在哪里，无法确定想追求的是什么，一边喜欢当妈妈，一边又觉得人生难道就这样而已？无法放弃长久以来，所建构出来的那一个独立而不拖泥带水的自己，一边质疑一边生活着，充满困惑，焦躁不安。

当时的我并不知道，一年之后，人类图将出现在我的生命中，接下来就要改变我的一生。至今我仍然认为，是冥冥中人类图找到了我，而不是我找到了它，我只是等待着，然后回应。

真实世界的魔法学校来函，并非由白色羽毛的猫头鹰送来，就像是学生准备好了，老师自然会出现，如果你准备好了，这讯息将静静传递至你面前，等你辨认出来，等你心跳加速，等你恍然大悟，发现这一切原来如此，并不是意外。

在女儿快满一岁的时候，我收到一封来自Deepak老师的讯息，Deepak老师是一位美国老先生，他是占星界的大师，由朋友推荐，我们曾有过一面之缘。所以，当那天午后，我打开电邮账户，看到Deepak老师寄来的邀请函时，本来以为，这应该是他接下来要开的与占星相关的课程表吧，没想到一打开，邮件上头立刻出现了一个人形模样（后来才知道这是人类图里所说的人体图Rave Chart），上头注明了很多数字（其实是六十四个数字，代表六十四个闸门，是来自《易经》的六十四卦），还有些方块和三角形（这是九个能量中心，源自印度的脉轮），加上一些管路接来接去（这些管路是通道，延伸自犹太教的卡巴拉，生命之树），然后上头解释，这是源自西班牙的Human Design System（人类图），由拉·乌卢·胡（Ra Uru Hu）所创立的体系，而这将是有史以来第一回，Deepak老师要开一个周末的工作坊，将这门玄妙的知识介绍给大家。

我无法解释当时内心涌现的奇妙感觉。

不知道为什么，这张看似怪异又复杂的图表，完完全全吸引了我的注意力，我不自觉地对着这封电邮发出轻微的

第一章 选择

叹息声（后来真正学习了人类图才知道，这就是我的荐骨，对此讯息有着如此强烈的回应。）我仔细读了课程的文案与相关讯息，完全搞不懂这究竟会是怎样的一堂课。在这之前，我对于占星、紫微、卜卦、易经等玄妙的知识，从未产生任何研究的兴趣，我喜欢学习，但是我需要知道缘由，如果这门学问无法讨论，不能验证，没有逻辑，没有办法以"科学"的方式来说服我，我就无法相信，也不想继续研究下去。

但是莫名其妙地，我就是无法忘记这张图。一瞬间，竟然有这么大的吸引力，就算关上电邮，关上计算机，这张图就是在脑海中萦绕不去。那时候，我的女儿刚满一岁，我也已经当了全职妈妈一整年了，我好久没有去做一件自己真正喜欢的事，只是学费并不便宜，除了钱以外，时间也是很大的问题，要花上一个周末，也就是两个整天，小孩得找人托管，真是重重的顾虑。

"我要去！我想知道那是什么！"这个念头在我内心突然一闪而过，一个非常明确的讯息（后来学习了人类图才知道，这就是我的直觉，我拥有准确可倚赖的直觉，可以在关键的时候跑出来，我的直觉可以提醒我保护我，给我指引）。我想去学习，即使从来没有人知道人类图是什么东西，不管多么不合逻辑，我也搞不清楚上完课之后，究竟会

人类图范例

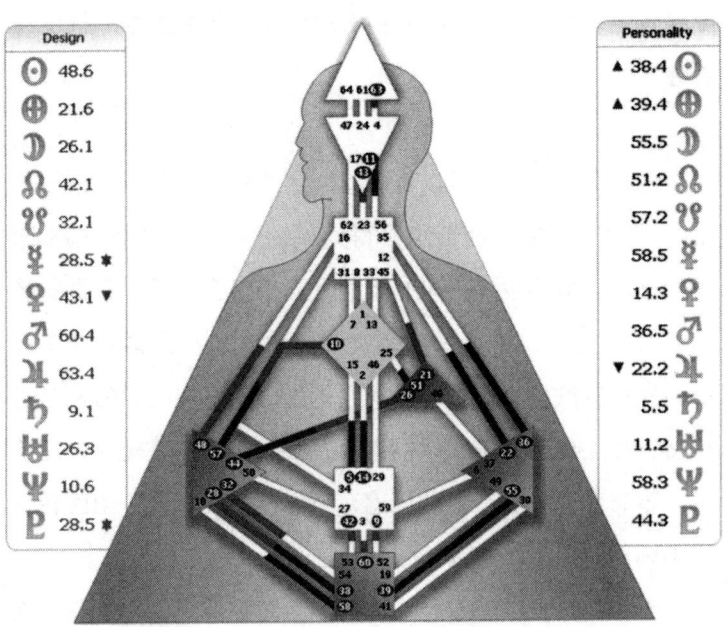

第一章 选择

怎么样，会对我的人生提供任何解答吗？会让我体悟到什么智慧或大道理吗？我会有办法更了解自己吗？我的脑袋不断丢出问题，唠叨不休，这并不是一个理性的决定。

但是，只要一闭上眼睛，这张看似复杂的图形，像是一串根深蒂固的魔咒，我不得不承认，单单那张图，就让我着迷。

会不会，这张图可以告诉我，那些我自己也不知道的秘密？有没有可能，我苦思不得其解的问题，会因为这张图而带来不同的启发？如果这真的是一个机会，可以告诉我答案，关于人生，关于我此生究竟所为何来？我真的好想知道，我这跌跌撞撞、迷惑的人生历程，到底要完成的使命是什么。如果能够知道人生的意义，我就能直线往前，快速前进，不必如此挣扎，如此困惑，宛如困兽转着弯，团团转着找不到出路，为此感到挫败不已。

为什么不去试试看？能损失什么呢？如果最后发现人类图是胡说八道的东西，那我浪费的是时间和金钱。但是，严格来说，这也不算浪费不是吗？至少这过程可以让我掀开谜底，换个角度安慰自己，错误不也是另一种方式，让人知道此路原来不通，而这过程本身也是很好的学习，不是吗？

毅然决然，就算天真，我还是搞定了所有该搞定的，托人照顾女儿，付了钱，空出时间，还怂恿老公一起报名。就在我自己也搞不清楚究竟怎么一回事的状况下,一脚踏进了人类图的世界。

我们去上了Deepak老师的课,这是一堂介绍类型与策略,讨论空白能量中心如何被外在环境影响,因而产生混乱,指引一个人如何活出自己的课程,Deepak老师以充满个人风格的方式来教授人类图。但是,这对我内在迫切地想知道更多的渴望并不够。时间短暂,两天的时间很快过去了,我们甚至连九个能量中心到最后都没讲完,我依旧对人类图充满疑问。

平心而论,初次接触人类图,对我而言最大的收获,是我明白原来老公与女儿都是投射者,适用于他们的策略是等待被邀请,而我则是纯种生产者的设计,我的策略是等待、回应。加上本人的内在权威是荐骨中心,我可以依循自己荐骨所发出的声音,来区分并为自己做出正确的决定。

荐骨?荐骨的声音?让我在此先为大家简略说明荐骨到底是什么。

荐骨英文名称是Sacral,约莫是尾椎骨的位置,在人类图的体系里,荐骨是一个动力十足的能量中心,简单来说,如果你的荐骨部位是有颜色的(标示的颜色是红色),代表你的荐骨是被启动的状态,那么你必定是属于生产者的设计。

第一章 选择

所谓的生产者，是生来建造这个世界的人，占全部人口的七成。（没错！这世界上有七成的人就是要来工作的。）若是生产者正在从事自己喜欢的工作，就会充满动力与满足感。相反的，如果没有做着自己喜欢的工作，就会感到沮丧与有挫败感。

所谓"荐骨的声音"是指生产者不时会发出一种嗯嗯啊啊类似语助词的声音，一般人常常忽略它，这其实是生产者有所回应时，身体发出的真实声音。这种回应的方式，与头脑分析的是非对错，或是社会价值道德规范皆无关，这是你在当下存于体内最诚实的心声，沟通出来的是内在真实的渴望。

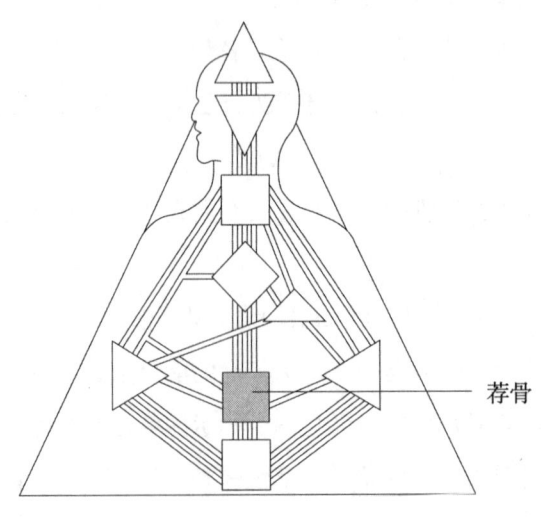

回到你的内在权威

如何听见自己荐骨的声音？非常简单。请你找一个你信任的人（注意！是你真的信任的人，唯有在你信任的人身边，你才能放松，因为荐骨是不会说谎的。面对自己不信任的人，我们会自动地启动防卫机制。所谓的防卫机制，就是你的大脑会开始不断分析，开始涉入，这时候就无法听见身体所发出的诚实回应，也就是荐骨的声音）。你可以请对方开始问你一连串答案是"是"或"不是"的问题，意思就是问封闭性的问题，不能问开放式的问题。如果问开放式的问题，当有人问你为什么，比如说像是申论题的形式，你的脑袋会自动又快速地分析个没完，试图想要合理化，找出诸多理由来解释自己为什么要做，如何做，怎么做，如此一来，很容易就会完全忽略荐骨所发出的声音。

找一个你愿意信任的人，请对方问你一连串答案是"是"或"不是"的问题，请你立刻发出声音来回答，什么声音都可以，像是嗯嗯、啊，或是任何语助词的声响都可以，但是不能用语言来回答。在你发出声音的那一瞬间，去感受它，就会清楚知道自己的答案究竟是"是"或"不是"，而这就是那个当下超越头脑的分析，是内在最真实的回应，你内心真正的答案、你的渴望，在那一刻对你而言的正确选择。

在人类图的世界里，我们常常提到"回到你的内在权威与策略"，指的就是一个人做决定的方式。以我的例子来说,我是生产者,我的人生策略是等待、回应,而我的内在权威是荐骨中心,两者加在一起,代表的意思就是,我可以根据自己荐骨所发出的声音(回应),为每个当下做出对我来说正确的决定。

课程结束了,拿着自己的那张人类图,除了感到莫名兴奋,内心还衍生出更多疑问,这门学问完全超乎我原本的想象,我当然明白这个体系如此博大精深,不可能在短短两天内完整理解。这短短两天,能提供的知识如此有限,却因此点燃了本人内心的战斗的火花,我暗暗下了决定。

"我想弄懂这张图。"

开车回家的路上,我认真对老公说:"我想完完全全了解它,Deepak老师说,以他在人类图世界里有限的资历,已经无法教导我更多关于人类图的学问了,他只能引导我们入门,告诉我们这世界上有这个体系,但是,这对我来说是不够的。我想学会它,我想知道它,弄懂它。"

"你想学习人类图吗?"老公仔细问我。

"嗯!"我的荐骨再次发出强烈的回应。身体发出声音的那个当下,我感受到身体不知道是因为兴奋还是紧张而微微颤抖着,内在突然涌现一股想哭的冲动。

"我不知道该怎么说,我觉得,这就是我长久以来追寻的,那个我本来也不知道自己到底在追寻什么的东西,所有过往的学习与探索，好像都为了这件事情，就好像是……我终于找到了我的倚天剑，或者是屠龙刀。"我愈说愈激动，边讲边觉得内心真是无比清晰，"我要学会它，这是我一直以来等待的答案。我相信这将协助到很多很多很多人，虽然现在的我，无法以任何证据来证明，但是我就是知道。"

他沉默了，专心开车，我们继续在回家的路上飞奔。过了好一会儿，他开口了："我知道了，放手去做吧，我支持你。"

暮色低垂，微凉的夜，秋天的气息温柔地将我们环绕。老实说，在理智的层面，当时的我，并不知道内在那股执拗究竟所为何来，无法解释为什么，这对我而言如此重要。这个决定看似发生得非常快速，却如此强烈，与我的心相呼应，不带任何质疑。

接下来，我们仔细搜寻网络上的人类图体系（Human Design）相关信息，发现祖师爷拉·乌卢·胡（Ra Uru Hu）创立的专业人类图分析师的教育体系，总共分成七个阶段，预计要花上至少三年半的时间才能全部念完。看来这个体系是如此专精与庞大，根本就像再念个硕士或博士学位，最后还得通过学院的检定考试，包括口试，合格之后，才能真正被认证合格，名列在全球人类图专业人士的名单上。或许因为门槛高，加上人类图也尚未广为人知，在亚洲愿意学习的人屈指可数，加上全部课程皆以在线教学的方式进行，而大部分人类图的老师与同学们皆定居在欧美地区，如果我想开始这段学习之旅，就会成为散落在亚洲极少数的学员之一。

除此之外，连在线课的时段对身处亚洲的我来说，正好日夜颠倒，欧美时间的白天，就是我的深夜或凌晨。如果我真的决定了，要走上这条人类图学习之路，可预见在接下来三年半的时间，每当夜深人静，众人皆睡我都得独醒，我就得算好时差，好起床与国外连在线课，这就是挑战，我得接受这挑战，才有可能进一步接触这门神奇的学问，一窥其中的奥秘。

"念不念？"

我问我自己，又或者应该说，赌不赌？如果选择赌，就代表着接下来要投入数不清的时间与精力，以及花上大把大把的银子（国外课程的学费都好昂贵）。而且，这条路看起来如此漫长遥远，走不走得完没人知道，连我自己都没把握。就算我真的念完了，成为合格的人类图分析师了，未来真会有人找我解读或咨询吗？没人知道这条路究竟行不行得通，如果选择不走，自然省事，但是好不容易，人生至此，终于遇见一个足以燃烧热情的东西，虽然还搞不清楚究竟是什么，但是我知道，每次只要看见这张图形，或者阅读相关信息时，那种总是忍不住想深究的渴望，像是一把野火轰轰轰燃烧起来，吸引力是如此强烈，根本骗不了自己。

打一回合理智分析与情感渴望的角力，同时也是一场大脑与荐骨的战争。

当然，过程中无法避免挣扎，面对未知的时候，人性中不想改变的犹豫，让人很难做决定。我大可继续过着全职妈妈的生活，说服自己人生何不求得安稳就好。更何况当家庭主妇本身就已经够累了，为什么不等孩子长大一些，比较空闲之后，再读书再努力再奋起再放手去做呢？

这些理所当然的道理，源自脑袋所产出的逻辑，井井有条，合情合理，却无法适用于我内在的"愤青魂"。我压根没想遵从这些循规蹈矩的结论，就算冒险，就算任性莽撞，我都想义无反顾地冲进去。不做怎么会知道呢？如果读不懂，行不通，到时候我必定能找到新的方式去穿越，一定有办法的，我对自己这么说。

要不要拼一回？我的荐骨发出好肯定的声音。既然如此，那就回到我的内在权威与策略，虽然并没有任何证据显现，也没人知道眼前这条路，走到底会有什么，既然本人的荐骨回应得这么强壮有力，那些脑袋中滋生的顾虑，继续想下去也是没完没了，干脆不管了。

如果不做，永远会挂心；如果万一我学了半天，发现人类图只是鬼话连篇，至少确认过了，我也甘愿。况且凡事总有两面，我怎么不去想想，如果有一天，如果这条路真的让我走通了，那不就赚到了吗？反正就这三年半，行远必自迩，那就开始吧。

不管最后结局是哪种，唯有勇敢地纵身一跃，才能知道答案。

我开始与国外连在线课，正式进入人类图殿堂。只是呀，原本以为的三年半，后来却让人欲罢不能地无限期延长着，一直到现在，第九年了，我都还在这条路上。在这奇妙无比的探险之旅中，每走一步都是惊叹连连，深深感觉当年我的荐骨是对的，这趟学习与体验之旅，真是快乐无比。

第二章 请你，戴上分类帽

就像哈利·波特初到霍格华兹魔法学校，有一顶分类帽，只要戴上这顶看似破旧的神奇帽子，你就会被归类至你该去的学院，找到你的同类。人类图体系里的类型，将所有人分成四大类，类型决定了你的振动频率与能量场（Aura）的状态，同时决定了每个人做选择的方式：策略（Strategy）。

我常想，如果有一台摄影机，将本人学习人类图的过程拍摄下来，就会看到，影片中我的动作相同，反反复复做的都是相同的事情，只因春夏秋冬时节不同，穿的衣服厚薄有差，还有那原本属于背景的小孩，数目也从一个增加至三个，然后每个都像吹气球一样愈来愈大。除此之外，光阴快速流逝，每一天都是一成不变的生活。

白天，忙碌照顾小孩。每周有一天至两天要仔细算好时差，调好手机上的闹钟装置，夜深人静，万籁俱寂，当时钟指向半夜两点或三点，有时候会是四点，有的时候是清晨六点，铃一响，立刻会有一个人，就是我，睡眼惺忪，相当认命地，自温暖被窝里迅速爬出，小心别吵醒了身旁还在熟睡着的老公与小孩，他们睡着的模样，真的好可爱，时间像是静止了。此刻，对我来说奋斗才要开始，自认相当帅气地，我独自走向计算机，打开它，连线之后瞬间清醒，感受到一种坚守岗位的使命感，连自己都觉得会不会入戏太深了，就这样，我等待着，接着计算机里有人开始说话，代表我与欧美的老师们连上线了，这样才可以与散落在全球各地不同时区的同学们，一起努力学习，好弄懂这张人类图上的奥秘。

这其实颇疯狂，半夜起床的我，不再是一个只为小孩忙得焦头烂额的主妇，而活得像是超人，穿越时空的限制，在无垠的宇宙里徜徉。

数不清的黑夜与晨曦，挺直身板坐在计算机荧幕前的

第二章　请你，戴上分类帽

我，有时候搞懂了某些之前不懂的知识，独自欢欣鼓舞，神采飞扬；有时候则如陷十里雾中，充满疑惑，懊恼着英文为什么不是自己的母语，搞不懂这玄之又玄、老师滔滔不绝讲了的一大堆到底是什么意思？有时候因为白天太累，体力不支的我硬撑着，趴在桌上努力睁开眼皮听着课，却还是忍不住睡着了，醒来才发现早已下课，在线虚拟教室里的人全都离线走光了，空留我一个人在地球的另一端，抬头一看，天已经亮了。

国际人类图学院（International Human Design School 简称IHDS）是祖师爷成立的在线学院，采取远距教学的形式，所有课程皆以在线教学的方式进行。我的同学们遍及全世界各国，英国、美国、西班牙、捷克、俄罗斯等，虽然身处世界各地，只要算好各自的时差，在约好的时间点，就能在线相见。我的老师铃达（Lynda Burnell，她现在已经是IHDS的校长）有一次忍不住问我："Joyce，半夜起来上课会不会很辛苦？"我说："没问题的，半夜小孩都睡着了，我才能专心呀。"实话是，当然辛苦，白天照顾小孩忙得团团转，半夜爬起来与国外连在线课，除了需要体力，还需要心神专注，此外还有许多作业与相关阅读等着我，总要偷空抢时间，在照顾小孩之余，快点认真研究。从体力上说不辛苦是骗人的，但是精神上却像嗑药一般，念书与研究的过程，非常快乐。

我喜欢人类图的重要原因，来自祖师爷中立的态度，他说："人类图体系并不是一个信念系统，你不必去相信任何事，人类图也不是故事或是哲学，而是关于一个人本质的具体地图，是你的基因码的地图。如此一来，就可以把我们的本性，以一种既有深度又深刻的方式，将细微之处以巨细靡遗的方式叙述出来。人类图开启了一扇让我们得以爱自己的门，透过了解，透过体验，我们得以全然去爱生命本身，以及爱其他人。"

身为知识分子，我真的很喜欢祖师爷的说法。是的，我相信冥冥中有所谓的缘分，我相信吸引力法则，我也愿意相信一切有其巧妙的安排，但是我发觉自己很难去相信太过虚无缥缈的事情。这世界上有关心灵成长的工具如过江之鲫，每种工具、每种法门，只要出于良善之心，都能支持到许多人，不同的人适合不同的方式，而我喜欢人类图，是因为从接触这门学问开始，我清楚明白了祖师爷创立人类图的出发点，你们不需要崇拜任何人，人类图不是宗教，也不是信仰，学习人类图并不是要把人搞得很激进狂热，而是真正地、理性地借由这个工具去了解自己，了解别人，然后试试看，回到你的内在权威与策略来做决定，再看看，这样人生会不会更行得通呢？如果是，请继续。这是一门区分的科学，精确而简洁，这世界上已经有太多盲目的信徒，而我们不需要去创造更多。

与学院连在线课，像攀登一座云雾缭绕的人类图高山，恨不得立即插翅高飞，揭开这云深不知处的奥妙。但是不管你有多心急，基本功还是很重要，自然得老老实实自第一阶开始爬起，人类图课程第一阶："你的人生使用说明书"（Living Your Design），多年之后，现在的我早已是第一阶课程的引导师（Living Your Design Guide），也已经拿到足以培养引导师的老师资格（Living Your Design Guide Teacher），回头再看，想起自己当初上第一阶课程时那种雀跃期待、坐立难安的心情，宛如昨日。

我记得上第一堂课时，来自世界各国的同学们在在线的虚拟教室里，每个人的名字整齐出现在计算机荧幕的视窗框框里。打破尴尬的沉默，铃达老师按下说话键，从荧幕里传出她的声音，语调温柔而坚定："好吧，欢迎大家，让我们来介绍自己吧，除了名字，你来自的国家，你的年纪、职业这些基本资料外，也请你说明自己是什么类型的人（Type）。"

是的，类型。让我先为大家解释一下，你知道，就像哈利·波特初到霍格华兹魔法学校，有一顶分类帽，只要戴上这顶看似破旧的神奇帽子，你就会被归类至你该去的学院，找到你的同类。霍格华兹有四大学院，就如同人类图体系里的类型，将所有人分成四大类，这是非常重要且关键的分类，每个人所属的类型，界定本质的基调，类型决定了你的振动频率与能量场（Aura）的状态，同时决定了每个人选择的方式：策略（Strategy）。

所以第一堂课的自我介绍从类型开始，并非意外。每一张人类图里蕴藏的讯息太多，容易看得人眼花缭乱，开始的第一步，也是最重要的关键，就是区分出类型，不同的类型，在这世界所发挥的功能与作用也不同。

类型主要分为四种：

显示者（Manifestor）、生产者（Generator）、投射者（Projector）与反映者（Reflector）。

我听着课堂里每个人的自我介绍，发觉绝大部分的同学都是生产者（Generator），我心想这也正好呼应到四种类型之中，生产者占绝大多数，而生产者这个类型又分成两种：纯种生产者（Pure Generator）与显示生产者（Manifesting Generator），两种加起来占了全世界人口的近乎七成。

生产者——你们是建造这个世界的人！

生产者是什么？

如果你是生产者，在你的人类图设计上，荐骨这个能量中心必定看起来会是深红色的，这代表的意思是，你的荐骨中心处于被启动的状态，简而言之，工人做事情要有气力，而这个能量中心就像是电池一样，会持续稳定地提供生产者工作的动力。

简单来说，生产者，就是工人啦！

是的，生产者是工人，也是建造者，他们是来建造这个世界的人，生产者来到这个世界注定是要来工作的，通关密语是"做自己擅长的工作"，这也就是为什么，了解自己，清楚知道自己擅长的是什么，将自身的才能发挥到最大，建造属于自己的领域，实现自己，就是每个生产者一生终极的追求与渴望。

这个世界有七成的人都是生产者。换句话说，这个实质世界充满着生产者的动能，构成集体意识的主要基调与运转机制。这其中的逻辑很巧妙也很简单，如果你是生产者，你也了解自己的本性，同时，你正在做自己擅长的事情（就是你的工作），那么你的时间与能量，就能成功并有效率地转化为你所创造出来的产品或服务。在这个精密分工的物质世界，每个生产者"生产"某些产品或服务，各司其职，然后以相互交换的方式（当然现在已经进化以金钱为代币），取得别人所创造出来的产品或服务，来满足自身的需求。虽然表面上看起来是金钱的交换，若看得更深，金钱的流动只是运作的机制，让我们一起生活在地球上，可以相互支持，相互供给，自成一个顺畅运作的体系。

生产者追求的是钱吗？我们每个人工作都只是为了钱吗？并不尽然，生产者渴望追求实践自我的成就感，借由了解自己真正喜爱的是什么，做自己擅长的工作，最后，在这些领域累积成就与成绩，就会觉得生活得很充实，让生产者天天工作得很有劲儿。相反的，如果你是生产者，却讨厌自己的工作，天天活得挫败又沮丧，那么你应该思考的是，你真正了解自己吗？你有没有发挥所长，做自己真正喜欢并擅长的工作呢？

生产者的人生策略是：等待、回应（Wait, to Respond）。等待、回应是什么意思呢？

基本上"回应"这二字说的是，对于来到眼前的这个选

人类图范例 1

类型	人生角色	定义
生产者	6/3	二分人
内在权威	策略	非自己主题
情绪中心	等待、回应	挫败
轮回交叉		
Left Angle Cross of Prevention (15/10 | 17/18)		

项或选择，你的荐骨有没有发出声音？荐骨的声音我们之前已经稍稍提过，现在让我用另一个角度来解释。只要是生产者，你的荐骨中心就会呈现被启动的状态，也就是这个方块的能量中心，在图上会被涂成深红色的色块，荐骨中心对应的就是你身体的男性／女性生殖器官的部位，相当于我们称之为丹田的位置。我们每天无时无刻，不管有意识无意识地，都以不同的方式与外界沟通着，当你说话的时候，整体运作的体系是来自脑袋逻辑整理之后的结果。而所谓荐骨的声音，指的就是身体最原始的本能与回应所发出的声音。讲起来好像很复杂，其实就是我们常常不由自主地，在谈话或不经意的时候所发出的声音，像语助词一般所发出的嗯嗯啊啊的声音，这就是人类图体系里头称之为荐骨的声音。

只要是生产者的设计，荐骨代表的是属于身体层面的真实，所以当你的荐骨发出肯定的声音，代表的就不只是你的脑袋认为你应该如何如何，而是对你来说，那个当下最真实而正确的决定。你的荐骨不会说谎，但是也请你不要自己问自己，因为这样会很容易被自己的头脑混淆。找一个你信任的人，以是非题的方式来问你，当你听见对方所问的问题，不要迟疑，请立刻发出嗯嗯啊啊的声音（荐骨的声音）来回答，不要以语言的方式来回答，因为当你开始说话时，你的脑袋已经涉入并开始分析了，那么往往再一次，这个答案又会来自你认为、你应该的想法，而非来自你真实的渴望。当你的回答纯然来自荐骨的回应，当你的荐骨发出嗯嗯啊啊的声音时，答案到底是"是"或"不是"，在你发出声音的那一瞬间，你可以去感受，你会知道的。

如果你读到这里，觉得有点雾煞煞，真的不是很明白荐骨的声音究竟是在说些什么，让我举个例子给你听吧，当时，当我知道了这些概念后，我觉得自己似懂非懂，在概念上，我明白了，但是到底荐骨的声音，对我来说代表什么意思呢？这听来也太不合逻辑了吧，对于人生中这些大大小小重要的决定，我又怎么可能放下脑袋的计划与分析，只根据自己那个听来相当不靠谱的嗯嗯啊啊的声音为准则，来下决定呢？

我决定做个实验。

我将当时想得到的朋友的名字都写在一张纸上，然后请我老公不要依照我写下的顺序，而是跳着问我，你喜欢A吗？你喜欢B吗？（"是"或"不是"的问题）然后我不能有任何迟疑或思考的空隙，就要立刻发出荐骨的声音来回答。

这原本只是一个好玩的实验，没想到，就在他问，而我简单发出嗯嗯啊啊的过程中，我突然懂了，那就是……我发现有些朋友因为对我非常好，所以长久以来，我的脑袋会一直反复试图想说服自己似的不断放送，人家对你好，所以你也要对对方好，我们应该是彼此的好朋友，但是当回到荐骨的回应时，很明显也很真实，我是有所保留并迟疑的。相反的，有些朋友因为过往曾经有过不愉快，我本来以为自己必定很讨厌对方，但是，当我发出荐骨的声音时，在回应的声音里头，其实并没有我原本预设的负面情绪。

这是第一次，我认真去感受自己所发出来的回应（荐骨的声音），结果让我惊讶，如果根据荐骨所发出的声音，我真正有所回应的选项，与我在脑袋的理智层面上，认为自己应该去做的事情，两者并不是时时都相符，也不见得一致。

这也让我回想起，当我第一次看见人类图这张图形时，自己莫名其妙立即发出"啊！""哇！"这类赞叹的声音，那一瞬间，我也体验到自己的内在，充满一股莫名的冲动想好好研究学习它。现在想来，这不就是我的荐骨最真实直接的回应吗？如果顺从荐骨的回应，内心偏好的选项早已昭然若揭，只是人类聪明的大脑为了求存，立即转入评估模式。当我放任自己的脑袋开始胡乱运转，愈想愈衍生出愈来愈多的迟疑与顾虑，开始跑出损益评量表的时候，荐骨最真实的答案，就很容易被整个理智逻辑所淹没了。

然后我就懂了，如果没有回到人生策略，不去听见自己荐骨的真实回应，只是遵循大脑理智的分析，那么，我的选择依循的依据就是"合理"，我会过着一个看似"应该"并"正常"的生活，谨慎而合宜，尽其可能符合着社会的规范与标准，但是，这不一定是我真正渴求的人生。

让我们再回来看，生产者的人生策略是：等待、回应（Wait, to respond）。

在这里所谓的回应，指的就是你的荐骨的声音所传递出的答案。那么，既然如此为什么又要加上等待呢？等待是什么意思呢？首先要先厘清，在这里所说的等待，并不是要生产者什么都不做的意思，等待并不是消极也不是懈怠，而是"不需要发起"。

生产者在当下回应来到面前的人、事、物，听从荐骨的回应，做出对自己来说正确的选择，然后全力以赴去行动。如此一来，就能将这股源源不断的动力，化为实质的成就。生产者是建造者，生来就是要来建造这个世界的。

等待、回应，对生产者来说非常重要，因为每件事情都有其时机，而这与我们长久以来被教育成"主动、积极、进取、像拼命三郎似的、立刻得让事情发生才行"这样的人生哲学并不相同。因为，从人类图的观点来说，四种类型中，适合发起的只有显示者，而生产者的能量场是开放、包容的，吸引周围的人进入你的能量场，引发别人与你交流。生产者充满生命力，而其他类型的人渴求生命力，自然会被吸引。换句话说，其实每个生产者都无须外求，他们只需要跳脱脑袋的控制，等待事物流动到自己的面前来，然后回应，根据自己的回应，全力以赴去创造，这就是最适合生产者运作的途径。

换句话说，当生产者不愿意等待，没有等待机会来到面前才回应，拼命发起的时候，往往就很容易事倍而功半，不断感受到沮丧与有挫败感（Frustration），而沮丧与有挫败感就是专属于生产者的非自己主题（Not self theme）。

不管是什么类型的人，当没有依循自己的人生策略运作的时候，就会冒出所谓的"非自己主题"，这是什么意思呢？非自己主题，讲得大白话一点儿就是，当你没有做自己的时候，会开始出现的不爽症状。不同的类型会产生不同的不爽症状。生产者很容易陷入莫名的沮丧与有挫败感，这些让人不舒服的负面情绪，其实都只是最好的提醒机制，让你明白并察觉到："我现在是不是没有按照自己的人生策略做出正确的决定呢？我有没有等待、回应呢？"

自己是不是太过躁进？莫名其妙失去耐性而拼命发起，那么是不是可以调整一下自己的状态，别忘了，生产者的人生策略是等待、回应。唯有等待、回应，才会让你做出正确的决定，创造出真正感觉到满足的生产者的人生。

既然生产者这个类型又分为两种，那么，纯种生产者与显示生产者的差别是什么呢？

显示生产者重视效率，纯种生产者执着于完美。

显示生产者的行动力较为快速，一旦有回应就会立即化为行动。而纯种生产者则是一步一个脚印，按部就班持续往前，打好根基，很难遗漏或省略任何一个步骤。从表面上来看，纯种生产者的动作似乎比显示生产者慢。事实上，显示生产者的动作比较快，但是却往往因为没有耐心，所以常常自行省略一些自以为不必要（其实可能是非常重要）的步骤，最后无可避免，还是得回头去补强才行。两种不同的生产者，说穿了也不过是在进行一场龟兔赛跑，而动作快的那个，并不等同于每次都能先到终点。

话虽如此，纯种生产者和显示生产者还是有很多共同之处（毕竟属于同一种类别），像是荐骨启动的动能，人生策略都是等待、回应。两者也都拥有同样类型的能量场，天生注定要来工作，并且从工作中获得满足感，最大的不同就在于他们工作的方式与态度。

虽说生产者都是建造这个世界的人，但是这两种不同形态的生产者，工作的方式与节奏却大不相同。举例来说，纯种生产者做事的节奏像是海浪，一波又一波，时而进，时而退，自成其韵律，而显示生产者则像是一群马奔驰入林，一阵风似的，来得快去得也快。普遍来说，相对于纯种生产者，显示生产者贪快，也比较没耐性。他们适合迅速开创，即使快速运转中总是难免差错百出，也不尽完美，但是显示生产者会觉得，反正先做再说，有问题或出差错，事后再修补不就得了，这与纯种生产者看待这个世界的角度与做法，并不相同。

哪种比较好？没有哪种比较好，就是不一样。

对于纯种生产者的我来说，我的显示生产者朋友们，常常让我叹为观止，往往还在我斟酌迟疑评估中，他们已经一溜烟冲到不知名的远方某处了。好不容易，当我开始按照自己的步骤与节奏持续前进时，没料到他们早已进行着与原本说要做的完全不相符的新计划了。而纯种生产者做任何事情，都有自己固定的步调，效率不是唯一的重点，重点在于纯种生产者有没有觉得足够，有没有达到自己内在的标准。要做就要做到最好，如果可能的话，可以永远追求下去的那两个字叫"完美"。

显示者——为什么你不说？

上课的同学中只有一位是显示者，她的声音很有磁性，她是来自英国的芮秋，我想着祖师爷也是显示者，觉得好好奇哦。投射者有两位，美国的珊卓，意大利的奥力。连最难得遇见的反映者也出现了，是来自南半球新西兰的克丽丝。课后，铃达老师指定大量的阅读资料，她建议大家回去都要好好研读,她再次强调这是交互式教学,我们要真实去体验,我们也各自在线找了同学当读伴,增加讨论与交流的机会。

我对显示者产生浓浓的好奇,很幸运地,我与芮秋成为同一组读伴,由于我是生产者,而她是显示者,讨论过后,决定接下来由我来研究显示者,而她则开始调查生产者,如果有任何不理解的地方,再询问对方,于是对显示者的田野调查,正式展开。

对于显示者,官方的说法是这样的:

显示者(Manifestor)只占全部人类的百分之八,其能量场的本质是封闭、反叛、攻击并且向外扩张。这种类型的人是天之骄子,生来就是要影响众人,扩张自己的影响力。他们主要的任务是"发起",当那个揭竿而起、石破天惊的第一人。凡事起头难,显示者若要如何,全凭自己的正面精神,至此之后,周围的一切迅速随之运转,风生水起,生生不息。

换句话说,显示者的生命原型实在太棒了,全世界百分之九十二的人(除了显示者自己之外),几乎都羡慕、渴望拥有如此理想的人生。毕竟,显示者代表的是非常典型的、吸引众人目光的领袖A咖。只是大家并不知道,时时刻刻当个A咖其实很累,要具备影响力,足以引发众人改变世界,也并非吃一块蛋糕般轻而易举。

而这世界毕竟有七成都是生产者，生存在一个以生产者为主的主流社会里，显示者们往往无法在弹指之间如愿，偏偏他们又超没耐心。身为显示者最佳代言人的祖师爷曾经说过，在显示者眼中，全世界就像是在慢速运行一样。于是当事情不如预期，愤怒很快就会在内心燃烧起来，加上显示者鹤立鸡群，容易成为箭靶，阵亡的概率激增，有时面对突然而来的攻击与抗拒，就会充满令人焦虑的危机感，若没有三两三，又怎么上梁山呢。

这也就是为什么，我们看见许多显示者隐藏自己的本性，伪装在人群之中，小心翼翼地活着，以为这样大家就不会看见他们原生的光芒与才能，就不用承担，不必冒险，不需完成此生的天命。却忘记了，显示者本来就该活得像是没有明天，因为你们终究是那足球队里的前锋，注定要光芒万

人类图范例 2

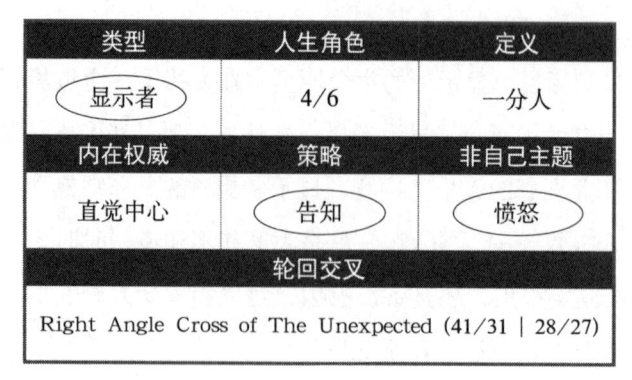

类型	人生角色	定义
显示者	4/6	一分人
内在权威	策略	非自己主题
直觉中心	告知	愤怒
轮回交叉		
Right Angle Cross of The Unexpected (41/31 | 28/27)		

丈，不可一世，受万人瞩目，成为焦点之所在。

如果隐藏了，退缩了，就枉费自己身上所流着的显示者的血液。

我不是显示者，所以一开始读显示者的相关资料时，我其实有许多疑惑。

书上说，显示者的策略是告知（To Inform）。换句话说，显示者要做什么都行，只要告知相关的人他所做的决定，一切就会开始轻易运转起来。但是所谓的告知究竟是什么意思呢？告知不就是讲一下就好吗？这算是什么样的策略？讲一下有什么难的？而且就是讲出口而已，真的会有很大的不同吗？抱着半信半疑的心情，我决定要做个田野调查。

顺带一提，身为初期进入人类图神奇世界的狂热探险者，我们的第一个狂热症状就是：拼命收集周围亲朋好友的人类图。当时我检视一下手上大约一百多人的人类图档案，稍加统计后发现，真的耶，比起那成山成海的生产者们，显示者真的为数不多，而我个人对他们的感受就是，他们虽然不见得男的帅、女的美，也无关好坏，却个个似乎都有独特气质，很容易引人注意，有一种在人群中很容易被看见的气场。

第二章 请你，戴上分类帽

显示者到底是怎么样想的啊？被强烈好奇心驱动的我，立即约了一位显示者先生出来喝咖啡，他仔细听我讲述自己正失心疯般地爱上人类图，接着听我解释关于显示者的特性，他不时点头，认真严肃地思考着，我告诉他，显示者的人生策略是告知。

告知的意思就是，每当你做了一个决定时，对于这个决定可能会影响到的相关人等，都要好好地向对方说明你的决定，这样当你做了决定之后，别人才不会有措手不及之感，才不会进而引发许多不必要的抗拒，以及伴随而来的负面评价。然后，我有些心虚地问他："身为一个显示者，对你来说，告知真有这么难吗？我真的好难想象哦，不就是说一声嘛，你真的觉得这很困难吗？"

"其实，人类图讲得没错，很多事情我是不想说的。"没想到，他竟然如此回答，"因为我不喜欢人家意见很多，如果先讲，有可能还没做就被一堆意见烦死了，甚至有人反对，那岂不是更烦，干脆先斩后奏，先做再说。"

原来如此呀，听了他的说法，我突然能理解了。这逻辑就是，显示者是天生来发起的，所以他们有着很强烈的自主性，本身又能产生极大的影响力。祖师爷说过，你无法控制显示者，他们遇到高压就会反叛，或是愤怒，当他们没有回到自己的人生策略——做事情没有告知时，很容易让周围与他相配合的人，在不预期的状态下面对突如其来的改变，大受惊吓，"这个人怎么是这样啊？"因而产生一种失控的恐慌感。这也就是为什么，当显示者完全不告知时，很容易会让周围的人产生误解，感觉自己不受尊重，进而不由自主地抗拒，开始抵制显示者的诸多行为。如此一来，又让显示者觉得自己处处受限，再度引发内在更大的愤怒，下次更不想告知，如此这般恶性循环下去，告知对显示者来说，就变成一件异常困难的事情了。

　　显示者先生同时也说了，由于自己从小到大都被妈妈严格管束着，所以更加引发他想反叛，想尽快脱离被控制的状态。这让我笑了，因为祖师爷也是显示者，而他所说的思维模式，完全与祖师爷解释过的故事相呼应。显示者小孩必须要从小被尊重，父母要一次又一次和他讲道理，与他达成共识，让他明白在他还小的时候，想做什么事情必须先请求允许，这并不是一种限制，而是人与人之间相互尊重的形式，同时也是爸爸妈妈保护他的方式之一。如此一来，显示者长大之后，才会愿意告知。

　　"当显示者长大之后，他所谓的告知，并不是请求允许，你知道这其中的差别吗？"我告诉显示者先生，"你告知对方你想做的决定，并不代表对方有权利来限制你，告知本身代表的是尊重，当你告知之后，你去做你要做的，而对方会做什么样的选择，就留待对方来决定。"

"所以只要告知，就可以了。"他认真思考着。

"对呀。"我回答他，"你要不要实验看看，如果你接下来开始采用告知的策略，看看会不会有什么不同。"他笑着对我说："好啊，谢谢你的建议，我会试试看。"

这是我第一次以显示者的角度，去体验我的这个老朋友。当然，我从来不知道，原来我们眼中凡事总是如此低调的他，在神经兮兮的外表下，原来有着这样的心结。

与芮秋讨论功课的时候，我分享了自己与显示者先生对话的过程，芮秋听得津津有味，我告诉她，对于一个纯种生产者来说，"告知"这样的策略，对显示者来说竟然是有难度的，真是让我难以想象。

"哎呀！要我说出口，其实并不容易。"她叹了一口气，"我的内心戏干吗要讲出来？讲来讲去，麻烦又多余，以我的角度会认为，很多事情已经非常明显，就算不说，大家都应该知道，还有什么好讲的，不是吗？"

"怎么可能不说啦。"我大笑，"比如你跟一个人分手，你总要跟对方说吧。"

"不用说啊。"她睁大眼睛。

"难道你就不告而别吗？"我太震惊了。

"对啊，如果不再联络了，不就很明显了吗？"她完全不是开玩笑，并且认为相当理所当然，"你想想看，当一段关系走不下去了，一定不是一天两天的事情吧，如果同样的东西讲了又讲，有一天我不再提起，然后干脆人就消失了，这不就很清楚了吗，我们不合而分手就是最直接的答案了呀，不是吗？"

我急忙对她解释："但是，你知道不代表我们知道呀，而且你想想，显示者只占百分之八的人口耶，这代表着你眼中所认知到的世界，跟其余百分之九十二的人，都不一样。换句话说，你认为很明显、大家都应该知道的事，其他人并不知道，可能恰恰相反，真正让大家搞不懂的，应该是你吧。"

芮秋在计算机的另一端，陷入一阵短暂的沉默，之后才告诉我，她现在比较懂得，为什么那些前男友们，分手之后个个都搞得好像受了重伤似的，曾让她百思不得其解，这提醒了她，也许这世界，并非以她的观点在运转，这个世界也不一定是她所看见的模样。

过了没多久，显示者们分别告诉我，原来，简单的告知之后的后续发酵真的很大。当他们愿意说出口，周围的人就会以不同的方式开始回应，开始动起来，很多事情就真的开始莫名顺起来了，有了更多的帮助、更多的支持，让他们所发起的事情进展得更顺畅，他们也更省力了。

投射者——请你等待被邀请，才会真正被看见，被好好珍惜我一直觉得自己蛮理解投射者，毕竟我嫁了一个投射者，又生出一个投射者，但是当我开始以投射者的角度去理解他们，却不断有种恍然大悟"原来如此"之感。

世界上有百分之二十一的人是投射者（Projector）。

若与其他类型比起来，显示者想发挥影响力，改变这个世界；生产者们渴望了解自己，发挥所长，建造这个世界；而投射者全然不同，他们此生并非为了工作，根本也不需要建造些什么。投射者天生有种温和体贴的气质，一生追求的终极目标是成功，他们对成功的定义也很特别，他们认为，成功就是协助更多人获得成功，同时如果自己可以全然并尽情地享受生活，就是投射者认为最理想的境界。

他们天生把焦点放在外面，将目光投射在周围每个人身上，不由自主地将自己放在后头，也就是因为如此，他们能

人类图范例 3

类型	人生角色	定义
投射者	4/6	二分人
内在权威	策略	非自己主题
直觉中心	等待被邀请	苦涩
轮回交叉			
Right Angle Cross of The Unexpected (41/31 | 28/27)		

够深深了解每个人的特性,也能知晓对方当下的状态。投射者很聪明,也有布局的能力,适合管理与协调的工作,乐意帮助大家,热心协助每个生产者回到其应当运作的轨道上,让一切运作得更省力也更顺畅。不幸的是,这世界大多数的生产者宛如刁民,并不见得准备好接纳投射者的诸多建议,虽说事情运行到最后,往往会证明投射者从头到尾可能都是对的,但是显示者不想被管,大部分的生产者又通常懒得听、不想听,又或是听不懂,于是投射者所提出的真知灼见虽然很珍贵,却通常被视为不合时宜,最后人人横冲直撞,弄得头破血流,一回过头已是百年身,这才真正看得见投射者的好,这也就是为什么,投射者常常觉得自己不被了解,感觉很苦涩。

因此,投射者的人生策略是,等待被邀请。

在这里所说的等待被邀请,指的是人生中关键的决定,像是爱情与婚姻、工作与事业、居住地点与人脉的连接,所以,这并非指日常的诸多琐事,都得被邀请,而是指人生中重要的决定。当邀请尚未发生之前,请投射者做自己真心喜爱的事情,保持愉快,那么对的邀请终究会到来。

就像诸葛亮要刘备三顾茅庐之后,被郑重邀请出来,才能统帅领兵。正确的邀请代表着,有人认得投射者的才能。当邀请出现的时候,代表对的时机来临了,而四周这群嘈杂喧闹的众多生产者，已经准备好要聆听（或者他们终于进化到可以听得懂你的话语），不然即使投射者再怎么努力，试图主动发起，遇到阻力终究要妥协，最后只会让人更苦涩，更易怒，弄得自己筋疲力尽，而大家也看不见投射者的才能，无法感受到投射者卓越的领导能力。

几乎每一次，当我告诉刚开始认识人类图的投射者他们的人生策略是要等待被邀请时，他们的脸上，通常会出现一种既困惑又恍然大悟的神情，"啊，原来如此呀，难怪！"接着，当他们听见说自己生来不是为了工作时，会呈现一种不可置信的却又像是终于解脱了的放松感。

"我从小就会想，人为什么要工作啊？"不止一次，不同的投射者们，在我面前纷纷说出自己内心真正的想法，"但是，如果说出自己不想工作，周围所有人都会觉得你超怪，觉得这个人怎么这么懒惰啊，一个人活着，怎么会不想工作、不事生产呢？"

身为生产者的我，并不能全然体会投射者的心情，这是一个生产者的世界，觉得人生来理所当然要工作的人，就占了七成之多。相对来说，投射者的族群毕竟是少数，在不断与他们聊天谈话中，我试图理解，这世界上有一群人并不是生产者，投射者追求的是一种他们想要的生活形态，以协助与支持别人的角度出发，以自己选择的方式来享受生活。由于身处在这个充满着生产者的世界里,如果不理解自己的设计,并且受到家庭社会的制约,长久以往,投射者们真的很容易自责,而不断强迫自己伪装成疯狂努力的生产者。这也就是为什么在这世界上,有很多没有活出自己的投射者,夸张地活成不知节制的工作狂。过度工作的结果,让这原本就不是设计来建造世界的投射者的身体,很容易变得过劳。长期过劳,身体必然会发出警讯,最后生病。

说到底,投射者看待生命与世界的角度,与生产者比较起来截然不同。举例来说,生产者天生有股源源不绝的动力,他们想要工作,想要执行,就像勇健的赛马一样,活力充沛。而投射者并不是赛马,他们是骑师,骑师骑在赛马的背上,懂得策略,懂得运筹,能协助赛马更有效、更快速地飞驰到终点。

如果赛马与骑师好好合作,到最后大家都可以尽其所能,轻松到达终点,达成目标。只是现实的状况是,每匹赛马不见得准备好,让骑师跨上来指导一番,如果赛马不肯,就如同投射者的才能还没被赏识,若没有等待被邀请,就自以为好意地主动发起,那么,很快地,脾气变得暴戾的赛马,会快速将骑师摔下马,自行扬长而去。故事进展到这里,不管感到多委屈,骑师还是被摔得满脸灰,苦涩万分。但目标还在前方,这可怜的骑师只好把自己当成一匹赛马,逼自己用力、用力、再用力去奔跑,不需要多久,人到底是跑不过马,很快累死在路边。

每次我讲这个例子的时候,投射者们总会忍不住哈哈大笑,在他们的笑容里又默默夹带着难以言喻的苦涩,这个故事或许过度简化,却明显地道出他们在人生中的困局。明明是好意,却不见得被珍惜,明明是很好的意见,却不见得会被听见,也不一定被采纳。如果忍不住强迫自己像个显示者去发起,又或者用力要像个生产者去执行,没多久就觉得疲惫不堪,力不从心。

"如果没被邀请怎么办?难道我就这样地老天荒地等待下去吗?"他们为此忧愁不已,"如果不主动、不发起、不讲出来,不就更没有人会看见我,那邀请又将从何而来呢?"

"花盛放,蜜蜂自来。"

这道理说来简单,要做到却很难。因为邀请并不会凭空发生,在邀请尚未出现时,请做自己真心喜爱的事。因为当投射者从事自己真心喜爱的事情时,暖暖内含光,久久自芬芳,自然而然就会吸引对的人来到身边,认出投射者的才能。莫强求,自然而然,对的邀请就会发生。

简而言之,身为投射者,要像诸葛亮一般,放下担忧、苦闷与愁苦,享受自己真心喜爱的事情,静心等待被邀请,如此一来,才能真正被看见,被赏识,被珍惜。

"我每次换工作都是被邀请的,原来如此。"我的另一半Alex老师得知自己是投射者后,非常同意,"这也就是为什么,那些市面上主流的励志书,宣扬着主动积极发起的理论,并不适用于我。"他自台大毕业后,从事医疗器材的业务工作,期间几度周折,一直到他当上外商上市公司的总经理,他的职业生涯,说起来真的就是一连串被赏识与邀请的过程。我不断邀请他进入人类图的领域,他迟疑再三,最后接受我的邀请,决定从原本光鲜亮丽的总经理职位上离开,和我一起奋斗,推广人类图。在促进人类图体系文化的过程中,我问他,为什么愿意接受邀请,做这个可能并不见得符合主流社会体制价值观的选择。

"我知道这是你这辈子真正想做的事情。"他对我说,"既然如此,那我就支持你吧。"

听完他的回答,真的可以体会到这就是投射者呀!不想工作的投射者,用心良苦的投射者,不见得被大多数人理解而默默感觉苦涩的投射者。祖师爷说,投射者是新世代的领导者,因为他们若接受正确的邀请,真正发挥力量的时候,是如此温暖而强大。

第二章 请你,戴上分类帽

生产者与投射者在本质上截然不同，这也反映在我们的人生观上头。这让我想起有一次大乐透的奖金高达十亿，所以我家老爷开心地买了彩券，一连几天怀抱一个快乐的发财梦，我们闲聊讨论着，如果中了乐透，自己最想做的是什么呢？

"我想我们就可以准备退休，再也不要继续工作了，每天悠闲度日，打打球，按按摩，要做什么就做什么，真是理想的人生。"他眯着眼睛微笑着，一副美梦就在眼前、人生从黑白变彩色的幸福样儿。

"啊？"我立即摇头，"这样多无聊呀，我的妈呀，这样的人生怎么会有乐趣、有意义啦。""不然你要做什么？"他大惑不解。

"如果再也不用为钱烦恼，我会立刻去买一整栋大楼。"换我开始陶醉做发财大梦，他很好奇，"是哦，是要投资收租金赚更多钱吗？"

"当然不是！"我瞪了他一眼。

"我想成立一个全世界最大的人类图学院，然后开很多很多课，里面有很多不同的部门，每个部门的人都有很多很多有趣的项目可以做，与世界各地有趣的人一起工作，将人类图推广给世界上更多、更多的人知道，这样不是超棒的吗？"

我一想到这个梦想，都会心跳加速好热血的啦，我热情洋溢地继续说个没完,"这样一来,我就可以天天做自己喜欢的工作,最好永远身体健康,长命百岁。最理想的状况就是,有一天我很老很老了,站在讲台上,正在解读人类图的某个时间点,突然,我是说突然哦,心脏病发作死掉了,死在我热爱的工作上头,这不就是最棒的人生吗?"

"我的天啊!"投射者老公大喊,"如果中了乐透反而还要做更多、更多的工作,那我宁愿不要中,我一想都累死了。"

"哎呀!你就不懂了嘛,你是投射者,你又不是来工作的,不像我有工作魂,我是生产者嘛。"

"对啊,生产者真的好恐怖哦。"两人同时哈哈大笑。

反映者——那个跟随月亮周期运转的人

最后这种类型是反映者,反映者是人类图里最稀有的类型,仅占全人类的百分之一。反映者的特性是,九大能量中心皆呈空白,换句话说,如果你看见那些方块或三角形之类的区块(也就是我们所说的能量中心)都呈空白,没有被涂上颜色,那么,你看见的就是罕见的人类图设计:反映者。

反映者对四周环境的种种非常敏感,他们才华横溢,看待事情的角度与看法,也与全世界其余百分之九十九的人大不相同。反映者依循月亮的周期而转变,他们有着截然不同的步调,拥有不同的生命运转的节奏,最著名的代表人物就是迈克尔·杰克逊。成熟的反映者非常公正,能够无私看待周遭的人、事、物，做最好的仲裁者。

为什么反映者会对环境与周遭的人极度敏感？首先，你要明白关于人类图体系里头能量场（Aura）的概念。在人类图的体系里，每个人都有其能量场，所谓的能量场就类似我们平常说的一个人的磁场或气场，而每个人的能量场的大小就是你的手臂伸直，乘以两倍为半径，画一个圆周的范围，而每个人被启动的能量中心、通道、闸门都不同，就会有不同的能量场。而且奇妙的是，人与人之间的能量场是会彼此影响，相互引发的。换句话说，当不同的人进入我们的能量场，就会激荡出不同的火花，也免不了在不同之处相互妥协，其实这都不是意外。

这道理很容易懂，空白的能量中心，那些区块并不是一个人所缺乏的部分，在能量场的范畴中，这些空白的区块是开放接受外在影响的所在。

简单来说，每一张人类图上头有颜色的能量中心或通道，代表的就是你从出生到死固定的运作模式与特质，这些有颜色的部分代表的是一个人持续运作的特质，定义了你是一个什么样的人，而剩下的空白部分会如何运作，则取决于每个当下来自外在环境的影响。换句话说，当不同的人进入你的能量场时，那原本空白的能量中心，就有可能会被对方的能量场启动，然后不由自主反映对方的状态，以两倍的强度展现。而我们老祖宗所讲的近朱者赤，近墨者黑，其实是真的，而人类图则是以更进化的方式，宛如探照仪一般，让人与人如何相互影响的状态，不再只是一个模糊的概念，你只要看看每张人类图的空白之处，就可以指认出那个领域是他们接收别人影响、从小到大容易被家庭与社会价值观制约的地方。

既然如此，若从能量场的角度来说，你的空白中心愈多，代表在能量的层面上你天生是敏感的，容易接收到来自别人的影响，但是相对的可塑性也高；反过来说，如果你的空白地方很少，你的能量场较稳定，不容易受到影响，固定而可信赖，但相对来说，弹性与开放程度自然偏低。了解人与人的能量场会相互引发的概念后，让我们再回头来看看反映者的设计，既然反映者的九个能量中心都呈现空白的状态，大家应该很清

人类图范例 4

类型	人生角色	定义
反映者	6/2	无定义
内在权威	策略	非自己主题
无	等待二十八天	失望
轮回交叉		
Left Angle Cross of Spirit (59/55 | 16/9)		

第二章　请你，戴上分类帽

楚，为什么他们天性如此敏感了吧。反映者是如此独特，如此敏锐，他们所感受到的世界超越了其他人的想象。

反映者追求的是爱的体验，而这与显示者、生产者、投射者皆不同，他们渴望体验这个世界的百种滋味，渴望拥有各种不同层次的惊喜，生命本身就是惊喜，每一刻每一天每一个月都不尽相同，这不就是生命的神奇吗？

对反映者来说，最主要的负面情绪是失望，而失望的背后又是什么呢？是不公平？还是有所遗憾？他们这么敏感，每一天都随着环境的转换而改变，反映者眼中的世界是这么不一样，美丽与丑陋都真实显现，这也就是为什么他们可以成为最佳的仲裁者，感性与理性同步，忍耐力超乎常人，敏锐与慈悲，失望与混乱，痛苦与平和……

他们可以清晰知晓人心创造世界的实相，每一天都在善与恶、光明与黑暗中迅速流转变幻。反映者介入、关照、抽离、融入，与万事万物合而为一，失望来自爱，惊喜也来自爱。一天的完美，是因为存在，万事万物都存在，然后一切是完美的，这是起点，也是终点，这是真实，这是爱。

反映者的人生策略是要等待二十八天后再做决定，二十八天是月亮运转一周的周期，由于每一天月亮行至不同的位置，都会直接赋予反映者不同的影响与感受，所以，一个决定想了二十八天之后确定要做，才去做，这才是反映者做决定的方式。

由于反映者是四种类型中最为罕见的族群，在我与国外连在线课学习人类图的过程中，曾经有幸与一位来自新西兰的反映者同学成了好朋友，她是克丽丝，我记得她常说自己一开始很羡慕其他类型的同学，有很多资料、很多样本可以参考，而相对来说，关于反映者祖师爷叙述的信息就比较少，后来研究的资料也不多。我真的很喜欢听她讲关于反映者的事，从南半球的另一端，传来她那优雅又具穿透性的声调，每次她开始叙述自己的想法与意见时，角度总是不同，同时言语中还会有一种难以言喻的平和，无形中好抚慰人心。

我和克丽丝从第一阶的课程上开始相识，后来我们在每一阶段的课程都是同班同学。她的敏感与善解人意，让我记忆深刻。我还记得有一回我们两人相约在线，打算一起准备老师所指定的作业，那时是念到第四阶段，这是一整年的分析师课程。当时的我除了白天要照顾女儿，肚子里还正怀着双胞胎，而那个阶段的人类图作业非常繁重，身体的不适加上心理上的压力，常常让我不由自主感觉好挫败，不愿意放弃又觉得实在很辛苦，像是一个人孤独行走在一条不见终点的长路上，我外表上好胜，硬撑着，内心却脆弱得一碰就会碎成一地。我彷徨不已。

那一次与克丽丝连线讨论功课，彼此轮流演练着铃达老师新教授的解读技法，说着说着，突然一阵强烈的无力感袭来，我觉得面对这个庞大无比的知识体系，自己像是被五指山压在最底端，僵硬而动弹不得，我愈努力愈觉得沉重，感到漫漫未来一片虚无，我忍不住在计算机的这一头暗自崩溃，啜泣起来。

我说："我没有办法继续做这个作业，我的英文不够好，我都不懂，这好难。"地球另一端沉默了，然后，克丽丝开口了，她说得缓慢却好温暖："听我说，你已经做得很好，我可以敏锐地感受到你所做的一切，那么，我要告诉你，我常常可以感受到你的用心、你的热情，还有你每次做的作业，总让我觉得很惊喜，你的英文一点问题也没有。在学习的过程中，难免会有起伏，如果你愿意，我们一起讨论，再试一次，好不好？"

我的反映者同学温柔如月光，与我为伴，鼓励我再跨一步，再往前一步。我与她只在网络上交流着，两个人从未真实相见，直到多年之后，当我们一起完成了人类图七个阶段的课程，都通过考试，正式成为合格的人类图分析师时，终于，在那一年西班牙举办全球分析师年会时，我们飞越千里，第一眼就认出彼此。

我们快乐又感动地紧紧拥抱着，无须说一句话，那是第一次我真实感受到反映者的拥抱,原来真的像书上说的一样,有种奇异的魔力,这是种奇妙的稳定力量。

在《极地的呼唤》这本特别的书中,这段诗句让我想到反映者,这就是清透如月光的、美好的反映者,平和地,与我们同在。

所有的温暖夜晚,	All the warm nights,
在月光下安眠,	Sleep in the moonlight,
花上一生的岁月,	Keep letting it go into you,
将这月光放进你心中,	Do this all your life,
你马上就会开始闪闪发亮,	And you will shine outward,
将来有一天,	In old age,
月亮应该会这么想吧,	The moon will think,
你才是月亮。	You are the moon.

(克里族印第安人 Cree Indian 的诗)

你是什么类型的人呢?来,请你戴上这顶人类图的分类帽。

如果你是显示者,请你在发挥强大的影响力之前,别忘了"告知"周围的相关人等,你接下来的决定。

如果你是生产者,不管是纯种生产者或是显示生产者,别忘了,你在人生中做决定的策略是:等待,回应,请好好聆听你自己，荐骨的真实声音。

如果你是投射者，请耐心等待正确的人认出你的才华，对的邀请会来临。

如果你是反映者，记得你清澈透明如月光的本质，请等待自己经历二十八天的周期之后，再做出最后的决定。

在相信任何知识之前，请务必亲身体验看看，当你遵从自己的策略来做决定，那会是什么样的体验。书本的知识永远只是书本的知识，若不能反复去验证到底是怎么一回事，就无法真正了解，也不会体验更深。

最适合学习人类图的方式，并不是盲从，也不必轻易相信，而是不断提升察觉能力，学习把自己看分明，懂得尊重自己，采用适合自己人类图设计的方式来做决定。

第三章
祖师爷的使命

"你准备好要工作了吗？"

这是人类图体系诞生在地球的神奇时刻，也是"声音"（The voice）与祖师爷开始交谈的起点，"声音"源源不绝传递人类图的知识给祖师爷，要他写下来。

祖师爷究竟是怎么样的一个人？他如何研究出人类图这套繁杂的体系？祖师爷很老吗？他必定是个学者吧？这整个体系听起来这么酷又这样复杂，包含西洋的占星、东方的《易经》、犹太教的卡巴拉，还有印度的脉轮……看起来又是如此讲科学与逻辑，怎么可能有人这么聪明，他是从小就研究这些古老的神秘学吗？不然怎么可能学贯中西，鉴往知来。还是他老人家的脑容量超大，不然如何能穷一人之力，将这些古老的智慧巧妙紧密地编织融合，创新成人类图，这根本就是不可能的任务吧？

祖师爷的全名是拉·乌卢·胡（Ra Uru Hu），加拿大人，他在三十几岁时开始一趟自我追寻之旅，独自在欧洲旅行，最后行至西班牙伊维萨这个小岛上，暂住在朋友的一座废弃小屋里，白天在学校教小朋友，还养了一只大麦町，日出而作，日落而息，回归最原始的生活。

有一天，当他回到自己独居的小屋里，看见门缝下透出耀眼的光，而大麦町突然狂吠不止，祖师爷很纳闷，这道光究竟从何处来。一打开门，这道光自上方射下，将大麦町击倒在地，接着他也被光重击，身体开始脱水，异常痛苦。这时候，伴随着光突然有一个声音在他耳边清楚地说："你准备好要工作了吗？"

"你准备好要工作了吗？"

这是人类图体系诞生在地球的神奇时刻，也是"声音"（The voice）与祖师爷开始交谈的起点，"声音"源源不绝传递人类图的知识给祖师爷，要他写下来。就这样，他连续写了七天七夜，写下许许多多连当时的他也读不懂的讯息，七天之后，祖师爷虽然整个人筋疲力尽，却因此而留下这些非常珍贵却无人能懂如天书般的知识，而这也就是人类图的起源。

当我知道这整个体系，都是从祖师爷听见奇妙的"声音"而开始，内心产生一种极为复杂的感受。这代表的是，人类图这一整个繁杂系统，起源自一个不知从何而来的超神秘力量，虽说宇宙之大，无奇不有，但是这个起源也太过玄妙，到底是可信不可信呢？

若从正面的角度来看，如此精密的设计与知识，或许也只有更高的超越人为的力量，才得以具足智慧，整合出这一套与过往完全不同的创新体系。而祖师爷则是传递讯息的管道，透过他这个奇人，才能将人类图传递到世界上来。但是，我承认本人非顺民，这样奥妙的起源，自另一个全然不同的角度来看，还是让我不由自主感到忧虑，无法抑制地不断怀疑。我忍不住想着，搞不好祖师爷是个疯子呢，如果他身患妄想症，凭空捏造这一整套说法，那么，好歹我也是受过高等教育的知识分子，难道我真的要投入这么多时间、这么多精力，并且准备将自己的生命皆投注在此，继续拼命研究这门不知从何而来的知识吗？

我满脑子都是疑虑与困惑，却依旧无法停止内心想继续学习人类图的渴望。在学习成为人类图分析师那三年半的时光，我独自认真研究着，以我自己的步调与节奏，买了一本又一本与人类图相关的原文教科书，然后再以缓慢的速度，一本又一本啃完它们。除了循序渐进地学习七阶段的核心课程，每一季，当我的老师们在线推出各式主题的工作坊，若是本人的荐骨有所回应，我就会让自己义无反顾地投入，熬夜上课，试着像玩拼图一样，搞懂这整个体系的来龙去脉。有时候觉得自己陷入一个巨型迷宫，也萌生想放弃的念头，但是闭上眼睛，似乎总能感受到前方传来遥远而热切的呼唤：如果愿意信任，就放心向前行走，还不到放弃的时候，不要放弃。

有一回，我报名参加了祖师爷亲自在线授课的轮回交叉课程，那真是一系列很棒、很精彩的课程。在大轮轴上的每个轮回交叉，各自代表着不同的角色，构成这繁华的大千世界，每个人都是重要的存在，缺一不可，每个轮回交叉都像神话故事一般精彩，充满诗意。祖师爷也针对每个人的轮回交叉，做了一对一更深入的探讨与解释。

讲到我的时候，祖师爷亲自放上我的人类图作为范例，他笑着说："啊，不预期的轮回交叉（Right Angle Cross

of the Unexpected）。这个轮回交叉是不预期的第四个版本，这样的人将不预期地处于一个领导者的地位，致力发起或推动全新的风潮，影响更多人开始愿意去关怀，或找寻生命的目的与意义。

"我们大家来看这张图，这个人一直觉得自己活得很疏离，但是真的是这样吗？"

我突然内心一惊，有种被看透的惊讶。

他继续说着："这世界上聪明的人很多，但是聪明并不能解决你的疑惑，如果你愿意信任，并非由脑袋来找出人生的意义。你只要活着，依循你的内心，依循整体的运作，无法被预期的轮回交叉，你很难明白，这趟人生的旅程，会带你往多么神奇的地方去。

"你真的觉得自己是怪胎吗？就因为那种难以被理解的孤独感？

"我告诉你，我一辈子都是怪胎，我可以跟你说，和别人不一样没什么关系，孤独里头有种生命本质的美丽，如果你接受自己就是这样，找到你真正相信的，坚持下去，只要坚持下去哦，你会发现自己的生命开始绽放，你的分享会散发一股慷慨的能量，无私的，去探索，你无法想象自己的人生最后会走到什么样的程度。

（祖师爷说到这里，他笑了。）

"就像我从来也没想过，我的人生会走到现在这样。

"生命很神奇，去经历它。即使你以为自己是孤单的，没关系，还是去经历它，去探索看看，这会是一段多么无法被预期的人生……"

他的话语蕴藏深厚的力量，传递给世界另一端的我。我静静地坐在计算机面前，听完他所说的话，眼泪忍不住掉下来。有些事情其实很难说出口，因为隐藏在很底层，是一种难以用言语说出的为难，很难被理解，也不知道如何被理解，有时候讲出来，也觉得不合逻辑，却是内心很真实的感受。

生命究竟所为何来？

如果每一个灵魂来到这个世界上，都选择了自己独特的使命，你的使命会是什么呢？

以人类图的观点来看，每个人来到这个世界上有其使命，而这个答案就藏在你的人类图上那一行叫作轮回交叉 (Incarnation Cross) 的叙述里。不可思议？是呀，几乎每个刚开始接触人类图的人，都不免对轮回交叉这个主题非常着迷，我想如果做个全球人类图社群大调查，轮回交叉一定会高居"众人最想知道排行榜"前三名。

轮回交叉是什么意思呢？

我很喜欢祖师爷对轮回交叉的解释：轮回交叉是一个人

的灵魂进入血肉之躯，开始体验这趟人生的历程。而这段旅程最终的目的与使命，其秘密就写在你的轮回交叉那行文字里。想象世界上的所有人都围成一个圆，组成一个巨大的轮轴，宛如夜幕半弧弯弯，这全世界的人皆化为闪亮繁星，依序前进，流转进退，各自有各自的位置，各自有必须行经的轨道，我们像星辰一般各有其轨道，我有我的路，你也有你的，各个轮回交叉重叠，交会之后又错身而过，勾勒出不同生命各自核心的范畴。在这范畴底下，你与我都有各自的立场与方向，没有意外，你与生俱来所拥有的天赋，还有你所面对的每一个人生课题，不是恶作剧，只是恰如其分地，让我们得以顺畅运转，在原本所归属的位置上，演出这一场红尘里名为人生的戏码。

在人类图的体系里，轮回交叉可以粗分为一百九十二种版本，但是每个版本加上各自不同的细项，能够具体延伸出来，解释成七百六十八种角色。若是以轮回交叉的角度深入探讨，就能清晰地看见你我本不同，既然我们来到这个世界上各有其任务，配备自然不相同，于是相互比较就变得完全没必要了。想想看，你如何能把橘子与西瓜拿来做比较？就像猩猩与鲸鱼怎么比？每个人的存在都有独特的价值与意义，我们组成一个立体共存的体系，相互支持，相互拉锯，相互学习，彼此同在，相互辉映。

祖师爷本人的轮回交叉是号角（Left Angle Cross of

the Clarion）——讲的是声音响亮、振奋人心的小喇叭，这究竟是什么意思呢？身为号角的轮回交叉，其使命就是：与生俱来的洞见与觉知，宛如响亮的号角声，将对那些已经准备好的人当头棒喝，使其觉醒，使其突变，获得全新且深刻的启发。

  从小到大，我一直觉得自己是非常疏离地活着。
  我有一种无法被解释的孤独感。我每天所苦恼的，在乎的，真正想做的，似乎总是不太一样。我一直在追求人生的意义中挣扎着，即使所有人都说，何必想这些呢？好好念书，好好考试，好好长大就好了。但是，我总觉得有些什么应该不是这样吧？我总觉得，如果人活着，一定有些什么不同于平常的吃喝玩乐，值得终其一生去追寻的吧？
  以人类图的角度去理解，更深入地了解到轮回交叉的范畴时，我开始懂了。不预期轮回交叉，代表的是一生去经历超越预期之外的体验，以独到的方式去追寻并确认自己存在的意义。生命的意义是非常个人的议题，透过这段追寻的过程，创造许多不预期的体验，将会重新引发并影响更多生命开始蜕变，让更多人也开始学习如何尊重自己，关怀自己，为自己重新找到定位与价值，找寻生命的意义。
  为什么当祖师爷阐述这个轮回交叉的时候，我竟然不由自主在内心出现强烈的撼动感呢？那些忍不住在眼眶中积累着的、而又不停地掉下的眼泪，又是关于什么呢？或许在理智的层面，我无法真正归纳这些话的意思，但是我的身体很清楚，我的心，可以完完全全感受到它。

  如果你对自己诚实，如果你准备好了，你会懂得，文字语言或音乐，字字句句，每个段落与章节，皆有独特的振动频率，每次感动的时候，必定是冥冥中这蕴藏的讯息，与你体内所设定的频率相互共振，相互呼应。当一个人内在的真实被触动了，泪水并不是悲伤，而是理解了，然后像一阵雨，洗去原本尘封的表面，再次感觉到真实的自己。心跳与呼吸之间，存在着，活着，是喜悦，是解脱，也是终于承认了，认出原本的自己。
  所以当祖师爷开始讲起每个轮回交叉的使命时，就像启动了一扇大门，开启了一个全新而神奇的国度，在这个范畴之中，他说：

"在人类图的世界里，没有人的生命是残缺的，
也没有人注定一辈子会行不通，
也没有人是坏的、糟的、烂的，又或是沉重不堪的。
在人类图的世界里没有教条，也没有所谓的道德规范，
你不会找到什么好坏对错，
只要允许自己去发现，

并且记得,每一个人都是如此独一无二的存在,
只要你活出自己真实的模样,
很多事情其实并不重要,
一切就是如此完美,
只要你活出自己,
你就会明白,完美对你而言是什么,
你会看见,自己的美。"

（Ra Uru Hu / Sedona, Arizona June 1997）

每个轮回交叉不仅独特,还各自独立,又相互影响着,举例来说：

有人的轮回交叉是律法（Right Angle Cross of Law），你以为这些人专门来处理硬邦邦的法律条文吗？非也非也,他们负责制定律法,而制定世间规则的第一条规则,就是每条律法都可以改变。随着人类进化演变,随着物换星移世事变迁,律法包含了创意,容纳了限制,找出全新的秩序,让人与人懂得如何互动,相互尊重,有规则得以依循。

有人的轮回交叉是爱之船（Right Angle Cross of the Vessel of Love），以人类的大爱为出发点,其存在就宛如诺亚方舟一般,足以承载各式各样的人；容纳、宽容对待每个人的不同之处,顺流而行,用爱将周围的人环绕。

有人的轮回交叉是个人主义（Left Angle Cross of Individualism），特立独行，以非常独一无二的方式存在着，这样的人会以他们独特坚定的方式，传递自己的觉知，无法被归类，也很难被影响。

有人的轮回交叉是计划（Right Angle Cross of Planning），这样的人专注于细节与做法，愿意付出，透过互利与合作以找出可运行的模式，确保自己归属的家族部落得以安居。

有人的轮回交叉是教育（Left Angle Cross of Education），教化众人，寻找愿意聆听的人，进而透过言谈，善用资源，引发全球化更大幅度的跃进与改变。

有人的轮回交叉是渗透（Right Angle Cross of Penetration），充满活力与热忱，开创全新的做法、全新的思维以及全新的局面，引发更多人加入，向外扩张至新的领域。（我喜欢祖师爷的说法，在渗透的同时，为许多人开了一扇又一扇门。）

有人的轮回交叉是疗愈（Left Angle Cross of Healing），保持身体与心灵的健康，提倡人生要享受有质量的生活，对于身处挣扎与需要被疗愈的人具有天生的敏感度，自己生来要被疗愈或疗愈他人，相信透过各种方式（包括医疗），人可以在爱中疗愈。

有人的轮回交叉是沉睡的凤凰（Right Angle Cross of

Sleeping Phoenix），透过学习与体验爱与性的课题，累积丰富的智慧与经历，浴火而重生，获得蜕变与灵魂的觉醒。

有人的轮回交叉是解释（Right Angle Cross of Explanation），反复解释其独特的洞见，为世人所知，引发创新，为这个世界带来革命性的改变。

有人的轮回交叉是统领（Right Angle Cross of Rulership），统领一方之领土，像是君王治理其国土，透过开创、拓展，教化子民，从历史中学习，巩固国土，让所管辖的子民皆能安居乐业。（根据我的研究，发现有很多有这个轮回交叉的人去做生意了，商场就是他们的战场，公司的员工就是他们的子民。）

有人的轮回交叉是预防（Left Angle of Prevention），这样的人总是会看见那些行不通的地方，这是一种天赋，指引众人调整行为与做法，不再重蹈覆辙。

有人的轮回交叉是人面狮身（Right Angle Cross of Sphinx），这种人生来能好好发挥领导力，善于聆听，鉴往知来，找出接下来的趋势，指引众人未来的方向。

有人的轮回交叉是伊甸园（Right Angle Cross of Eden），伊甸园的轮回交叉，在生命中难免会遇到就像是亚当与夏娃吃了禁果之后，突然被丢出伊甸园的体验。而这些丰富的人生起落能让他们以失去的天真入诗入歌，或有独特的体会，为这个世界带来充满爱的启发。

有人的轮回交叉是服务（Right Angle Cross of Service），服务的轮回交叉非常有逻辑，非常实事求是，企图找出行不通的地方，纠正错误，这是源自对人类的爱，要让这个世界经由一次又一次的改进，成为更好的地方。

（以上是以非常简化的形式，叙述其中几个轮回交叉，让大家感受一下所谓轮回交叉所勾勒出来的范畴为何，有关于其他轮回交叉的简短说明，建议大家可参照铃达老师编著的人类图教科书定本。若是你想更深入，可以找专业认证的分析师做个人的轮回交叉解读，也有关于轮回交叉的专门教科书或录音档可以参考。）

我打开自己的笔记，重温祖师爷上课的录音档，透过祖师爷温暖而确定的音调，能深刻感受到他是如此用心，为每一个灵魂所选择的人生使命，认真地打开了一扇扇全然不同的门，让我们得以窥见，各自通往其精彩的人生道路。

就像铃达老师说过的，祖师爷在传递这部分的人类图知识时，是有所迟疑的，他很担心大家知道自己的轮回交叉之后，就会自动开始对号入座，以为这是一种注定或命定。但是真的不是这样的，这世界上有多少人，终其一生也没有走上自己的灵魂道路，从未体验过自己轮回交叉的范畴。毕竟，生命不是一个要去解决的问题，而是一个要去探究的奥秘。如果没有回到自己的内在权威与策略，在每个当下，在生命的转折处，忠于自己做出正确的决定，所谓的轮回交叉也不过就是一场虚幻的梦，与你又有何干。

这个世界，所谓宽大浩瀚的整体，这里头包含了每一个人，就像一首歌，每一个音符都恰如其分落在对的位置上，没有音符怎能成曲？若人生的这场历练，是许多人一齐编织成的一匹华美的织锦，我们各自拥有独特的颜色，缺了你，怎能有绚丽的鲜红、奇幻的湛蓝，明亮的鲜黄？你不是自己想得那么渺小，更不是你以为的那么微不足道，事实是，若是没有你，这个世界如何能顺畅运转；若是没有你，就不圆满，就不成局。

祖师爷是一位严格的老师，也是一位认真的讯息传授者。

他说，如果你走在自己正确的路上，沿路路标会显现，你会遇上对的人，对的事物会在对的时机点，汇集到你的面前来。你会看见的，你一定会知道的，在那之前，每当找不到方向的时候，就问问自己，我这样做有没有为这个世界带来美与和谐呢？如果有的话，这就是爱。

每次想到祖师爷的时候，就会让我想起人类图里的四十六号闸门，这个闸门叫作Pushing Upward，呼应《易经》里的第四十六卦，地风升。而他对四十六号闸门的教导是：

"爱的本质并不仅止于人们常常以为的拥抱、亲吻，对你的邻居好，爱你的老师、你的朋友或你的狗……如此而已，真正的爱是：让自己成为创造过程中的一部分，接受并投降于自己原本的模样，看到自己的美，唯有你真正投降于自己的美，那么单纯如你，存在于这个世界上，所散发出来的能量场，就是爱。真正的幸运来自因缘具足（Serendipity）——在对的时间点，到对的位置上，遇到对的人。只是在那之前，你得先做足所有该做的功课与努力。接下来，我们就可以去体验这过程中的一切，这就是好运，这就是幸运，充满各种可能性，我们活出全部的自己，并接受伴随而来的每一个体验，这就是生命。"

二〇一一年三月，祖师爷离开了这个世界，享年六十二岁。

他去世的那一周，我们原本还在线等待他来上课，那是一系列人类图家族动力的课程，从不缺席的他，那天深夜意外缺席，我们等了又等，直到有人捎来讯息，说祖师爷身体不适，那堂课先取消，以后再补课，却没料到，要等他老人家补课，此生再也不可能。

祖师爷去世的前一晚，我做了一个梦，梦中出现一个成年男子的身影，没有看见他的脸，只听见他在梦中用英文对我说："剩下的留给你了，继续做下去哦。"接着，这个影子逐渐拉长，往远方光亮的地方走去，很快，就此神隐，不见踪迹。

醒来的时候，我突然感到内在有种难以言喻的悲伤，没有任何原因。当天，我仍旧继续原本的行程开课，眼泪却不断地滴下来，一种莫名伤心的情绪，寂静而浓烈地，将我环绕。我惶惶然忙完一整天，回家打开计算机，竟然在国际人类图的官网上，发现已经公布的噩耗，这才恍然大悟。

不是上个月才通了电邮，我们还在讨论他要不要飞来亚洲，帮助我推广人类图吗？不是上礼拜连在线课，他还如往常般谈笑风生，以独到的黑色幽默，说着充满他个人风格的笑话吗？在线课程取消，只觉得怪异，却不知道，就此天人永隔。没有人知道，原本只是感染一般肠胃炎的他会突然心脏病发，在西班牙伊维萨小岛上，躺在他老婆的怀中，安然去世。

没有人可预测到，没有人愿意，没有人有办法，就像人生中有很多事情就是这样，不管多么心有不甘，终究无能为力，我们就这样，失去了他。

二十余年前，只有他一个人独自站在西班牙的橄榄树下，而如今人类图的社群遍及全球各地。他说，有时候，你得有耐心一点，好好等待，做足自己该做的功课，让渴望成为一股更大的力量，就像种子发芽，长成它该有的模样。

每次想到祖师爷，就会很感动，他过去奔走于美国以及欧洲诸国之间，城市接着城市，乡镇接着乡镇，刚开始只有他一个人，身为号角的轮回交叉的显示者，默默坚持不懈努力着，为准备好聆听的人，带来启发，引发突变。跟随号角出现的人愈来愈多，而他的生命力是如此炙热地燃烧着，他与众多人类图老师们所建立的体系与社群，一日日茁壮成长着，顺着号角的音调飞扬，意识层次逐渐进化，让更多人成为自己，成为创造本身，成为爱，成为暖阳，成为光，再影响更多更多的人。

祖师爷去世后，我还是不间断地选修IHDS的进阶课程。两年后，我准备拿下认证第一阶引导师的老师资格，我上完每堂课，也做完所有指定的相关作业。在最后一堂课上，我与铃达老师连线，和她回想过去的这几年，突然间好怀念祖师爷，这时候，铃达老师对我说：

"我们都很想念他，我依旧相信他还是与我们同在，如果他可以看见现在的你，看见你对人类图的理解与体会，一定会跟我一样以你为荣。你生来就会是一个很好的老师，要相信这本来就是你此生该做的事情。当你忠于自己，走在属于你的正确轨道上时，那么，对的人会在对的时机点，与你相遇，成为你的学生。从今往后，如果你愿意，当你开始培养更多更多人类图的老师时，请你随时随地想想他，我相信他一定会在无形中，给你很多很多的力量。"

当她这样说的时候，我在地球的这一端，荧幕的另一边，突然眼眶一阵湿热，老师慈祥的声音，从地球的另一端，宛如暖流传送到我的心里边。

祖师爷有他的使命，我也有我的，当然你也会有你的。

地球是一所好大好大的学校，每个灵魂来到这里，除了贡献自己的所长，也要学习相关的生命课题，每个人都有属于自己的一段旅程，沿路有好多不可思议的风景，不可避免地，在这条路途上一定会有挣扎，有困惑，悲伤痛苦与快乐幸福相倚相依。无论如何，我相信祖师爷说的话，只要先忠实自己，路标必定会显现，你一定会找到属于自己的位置。然后你会知道，你正走在自己的道路上，体会到属于你的生命的意义。

第四章 非自己的混乱

　　这世界上绝大部分的人，花了绝大部分的时间与精力，执着于"不是的"自己——非自己。想一想，如果你长久以来被制约得非自己，其混乱状态已经压过一切，就像是开车上路，但是前方挡风玻璃上覆盖厚厚一层泥沙，那你怎么可能看得清前方的路呢？

　　天啊，"非自己"的我，该怎么办？

爱因斯坦曾经说:"每个人都身怀天赋,但如果像以能不能爬树来评断一尾鱼一样,终其一生只会觉得自己很愚蠢。"我常常觉得他说得很对,人啊,往往很容易将"是的"当成"不是的",又将"不是的"当成"是的",为此承受不必要的苦。

在人类图的世界里,我们常常提到学习人类图是一段"去制约"的旅程(De-conditioning),什么是制约?如何去制约?简单来说,这过程就如同米开朗琪罗将石头里的大卫释放出来,石头里的大卫一直存在着,只要把那些不属于大卫的部分拿掉,如神般美好的大卫,就此自然而然显现在面前。

去制约之前,我想先讲一个故事,关于我的"是的"与"不是的"。

我在二十四岁那年从新西兰回到中国台湾,之后的第一份正职工作是在某知名外商公司担任营销企划部门的储备干部。那一年,公司有三个营销部门储备干部的名额,总共有数百张应征函自四面八方飞来,经过数次面试再面试,我获选为其中一个,觉得自己真是太好运。年轻人的傻气很天真,自以为人生必定就此朝精英的层次迈进,超级兴奋,每天上班都充满斗志,就算加班到天荒地老,都还觉得甘之如饴，为此开心不已。

与我同梯进公司的还有懿美，她大概就是我内心中"行走在完美轨道上"的人生原型了吧。

懿美毕业于台湾地区最高学府，家境优渥，多才多艺，弹得一手好琴。若是这个人只有聪明也就罢了，她的个性也很好，是本质善良的那类女生。她总是笑容甜美，主动积极，秉持开放的心，乐于尝试新事物，热爱学习，更别提她的EQ超高，凡事考虑周全，为人处世圆融而温暖，她总能在团队中很快成为耀眼的领导者，不论多棘手的案子，一交到她手上，就会自然而然优雅而顺畅地进行。

相对于懿美，我的个性太有棱角，脾气还不时会失控一下，说好听一点儿是很有个性，有自己的想法，充满创意，其实也表露出我的不成熟，一点儿都不社会化，一不小心就跳出框框，造成自己与别人的错愕与惊吓。

对于团队相互合作的工作形态，也不是不能认同，只是生来非顺民的我，虽然很认真要锻炼自己成为温和而淡定的人，但冷不防地，还是会莫名激动起来，不免惹麻烦。就算表面上应对尽量合宜，内心还是会不断反叛地想问为什么为什么为什么？为什么非得如此不可？当年决定录取我的荷兰老板曾经私下对我说："我对你的顾虑是，你太好奇，太年轻，也太有自己的想法，我不知道我们是否真的留得住你，但是企业里需要有你这样的人，注入新的火花，带来新的刺激。"谢谢老板对我的期待，只是在为企业带来正向的火花与刺激之前，我这格格不入的异类，在与团队磨合并同化的过程中，不管对我或对周围的工作同伴来说，都并不好受。

我常常看着懿美，默默想着，她真是外商公司的员工年度评鉴表上，最理想的梦幻版模范生啊。再回头看看自己，大概就是那种成绩单上有科目不合格，内心莫名纠结一堆，没事还想来个逃课，最后干脆逃课，甚至直接转学的那种坏学生。

数年过去，懿美可预见的际遇顺遂，在外商圈里平步青云，受公司重用，长期培养，外派至英国、日本，没多久更是步步高升，位居重位。她嫁给当初大学时代就是甜蜜登对的男友，两人默契度高，感情也好，先生是青年才俊，创业有成，公婆明理又好沟通，像对自己的女儿一样疼她，没多久两人也有了爱的结晶，其乐融融。

而我呢，我离开原本外商品牌营销的位置，以为自由无比的广告业会比较适合我，尝试之后却发现现实与想象落差甚大，失望不已。时光飞逝，过了三十岁，就算当时的头衔听起来不赖，可为了追寻人生意义，我决定离开整个广告营销圈，一头热栽入身心灵教育的行业里，从头开始，训练自己成为课程的即席翻译。后来又觉得应该回家带小孩，当全职妈妈，又不满意只是个全职妈妈，于是我又不安于室，开始尝试写作，写博客，写杂志专栏，接着开始研读人类图……这一路走来，起落之间，老实说，在社会主流价值的标准之下，格格不入，自己就像是在这一条标准作业的生产线底下，即将被剔除的不合格品，总觉得自己真是一事无成。

懿美和我依旧是好朋友，她总是能对我这充满戏剧化的人生，提供中立而成熟的建议，我自己还是东闯西荡尝试着，只是愈来愈清楚，自己根本无法像她一样，如此平和又理性地面对这个混乱世界。

我看着她，看着她如此顺畅优雅的人生，耳边似乎响起圆舞曲，忍不住内心默默萌生这样的想法，即"行走在完美轨道上"的人物，想必就是这样吧，我曾经试图好好努力成为这样的人，经实验证明，就是三个字：做不到。

"不要比较啊，每个人总是不同的啊。"我跟自己喊话。

理智上我懂，但是情感与体验上要真正接受、真正接纳却是另外一回事。

人总是想成为"不是的"自己，却忽略了"是的"自己，我也很清楚这一切只是我自己上演的内心戏，与懿美根本无关。她代表从我的内在投射出来的、一个离完美很近的标杆；她是我的非自己所衍生出来的比较之心，是我的黄金阴影，尾随于身后缠绕不散。

为什么会比较？这其实源自制约。

人是群居的动物，无法遗世独居，独立于一切而存在。人为了逐渐适应社会，相互合作，相互影响，也难免相互牵制。透过文化、社会环境、教养模式、饮食、睡眠习惯……不可避免地，我们每一个人自生下来那一刻开始，就接受大量来自外在环境的影响，而形成制约。

如果整体制约的走向，比如说某些主流价值信念与行为，与个人的本性差距甚大，人就很容易在适应的过程中，感受到一种挫败感，也有可能愤怒、苦涩、无力与失望。

学习人类图的过程中，我开始研究我自己与懿美的人类图设计，按图索骥，以不同的角度来看待这一切，慢慢解开原本纠缠的心结。我发现，懿美的本质本来就较偏向于团队合作的人类图设计，所以当她处在对的环境中（外商企业），就并不需要扭转自己的本性才能适应，她只要单纯展现自己的特质，就可以表现得很好。但是相对来说，我这天生反叛、想挑战权威与特立独行的个性，在同样的环境中，就容易感受到强烈被制约的负面情绪。

我的人类图设计上也说明了，我很容易会把这些被制约的负面感受，内化为一连串非自己的对话，觉得自己真是不够好。换句话说，当我又开始比较，觉得自己不够好的时候，其实是因为我的人类图设计上头，因为受到制约（be conditioned）而显现出来非自己（Not-self）。当一个人限于非自己的状态下，苦苦执着于"不是的"自己，就会呈现负面的状态，像是鬼打墙一样绕圈圈走不出来，为此耗损精力，没有活出真正的自己，要发挥自己的天赋才能，相对就变得困难。

如何找到自己的非自己状态？

很简单，你打开自己的人类图设计，会发现这张图上有三角形、正方形、菱形等九个区块，这是人类图体系里所谓的能量中心（centers），九大能量中心源自印度的脉轮，每一个能量中心皆分别具备不同的功能，也各自对应不同的器官与身体部位。

你会注意到自己的人类图设计上，有些能量中心涂上颜色（defined center），这代表着这个部分的你，是以固定并持续的方式运转着，相对来说是稳定的，这是你的本性，定义了你是一个什么样的人。反之，那些空白的能量中心（not-definded center）部分，并不是你没有或欠缺的部分，而是它们运作的方式并不持续，一旦接受来自外在的影响，就容易放大，以两倍的强度显现，而这样的强度很容易造成许多混乱，容易失控。

人类图的入门课程，一开始讲述的是类型与九大能量中心。类型有四种，涵盖了显示者、生产者、投射者与反映者的差异,这决定了一个人的人生策略——正确做决定的方式。而九大能量中心,则是明确指出,哪些部分是属于一个人天生而来的本质(有颜色的能量中心),哪些又是最容易接受外在的影响、最有可能被制约的领域(空白的能量中心)。每个人的空白中心不同,需要累积的人生智慧各异。换句话说,不同的空白能量中心,深陷非自己的状态时,将各自产生截然不同的负面对话,出现的征兆也大不相同。

请看看你的人类图上,那九个能量中心,哪些是空白的呢?对照一下,你是不是一直深陷在属于那个空白能量中心的非自己的对话里呢?

空白头脑中心(Head)——一直不断地想那些无关紧要的事情,庸人自扰。

空白逻辑中心(Ajna)——收集各式各样的知识,假装自己很确定。

空白喉咙中心(Throat)——试图发起,以各种方式吸引注意力,比如说喋喋不休讲个没完。

空白爱与方向中心(G)——不断寻找人生中的爱与方向。

空白意志力中心(Ego)——上了瘾般不停地想证明自己,或改进自己,想变成一个更好的人。

空白荐骨中心(Sacral)——不懂够了就是够了,不知节制,过度工作。

空白情绪中心（Solar Plexus）——为避免冲突，不愿意说出真话，只想取悦大家。

空白直觉中心（Spleen）——缺乏安全感，紧紧抓住对你不好的人、事、物，不敢放手。

空白根部中心（Root）——匆匆忙忙，不断想从压力中解脱。

举例，我检视自己的人类图设计，九个能量中心中有六个是空白。当初我与国外连在线课学到这个部分时，理论并不难懂，但是当我回过头来，印证这些空白中心的混乱与非

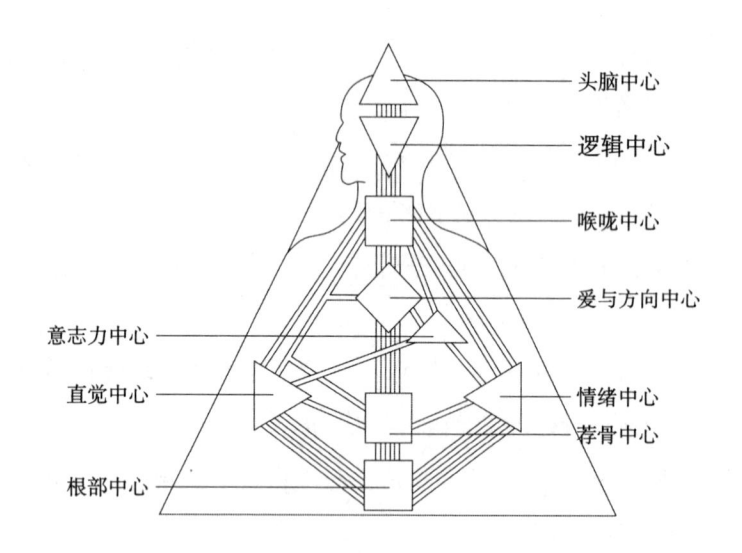

回到你的内在权威

自己,与自己人生中所发生的许多事件相对应时,却让我沉思了好久好久。

首先,我把自己有颜色的区块:荐骨、直觉与根部中心先摒除不看,再把本人其余六个空白中心放在一起,一条又一条,我检视自己:

"我有没有一直不断想那些无关紧要的事情,庸人自扰?我有没有收集各式各样的知识,假装自己很确定?我有没有试图发起,以各种方式吸引注意力,比如说喋喋不休讲个没完?我有没有不断寻找人生中的爱与方向?我有没有上了瘾般不停地想证明自己,或改进自己,想变成一个更好的人?我有没有为避免冲突,不愿意说真话,只想取悦大家呢?"

这张清单一目了然,这不就清楚讲出了我的一生吗?我心知肚明,所有这些空白中心都以不同强度影响着我,不同的空白中心所制造的混乱,相互消长,彼此引发,彼此攻击,宛如内在的小剧场轮流上演独白,日夜喧闹不休。

有一次,祖师爷上课的时候,针对我的设计,告诉我:"你知道吗?这完全空白的意志力中心,让你完完全全看不见自己真正的价值所在。"我沉默了,脑中那好大一段喋喋不休的混乱对话,似乎被浇了一大盆冰水,冷却下来。

那一瞬间,我有种被当头棒喝的觉悟。

长久以来，狠狠鞭策我、苛责我，要我不断努力认真进步的，就是我的人类图设计上，那个非常空白，连一个闸门都没有被启动的空白意志力中心。

这是一个"我不够好"的课题，这个区块空白的人，总是上了瘾般不停地想证明自己，或改进自己，想变成一个更好的人。事实上，不管我做了多少，成就了些什么，内心深处，我总觉得自己不够好，常常感到自己没什么价值。

由此衍生出来的想法就是：

"我最好随时准备好要挑战自己的极限，设定一堆目标，最好每个都要完成，如果不这样做的话，我就完蛋了！我就会变成一个无用的人。所以，我要控制好，要勇敢，要不断替自己打气，这样我才能感觉到自己是有价值的。我是好的，别人看到我的成绩，才能看见我的价值。我要努力让人家可以倚赖我、信赖我，我如果承诺了，并且做到了，大家就会觉得我好有价值。如果他们认为我做得到，我就更得证明自己可以不负众望。不止好，还要更好，不断证明自己实在太重要了，只有这样，我才算是一个好学生、好员工、好老板、好人、好朋友、好太太与好妈妈啊！"

这完全解释了我在生命中所选择的行为，以及所面临的困局，在非自己的层面是如此合理。

为什么这么多人一直苦于找不到自己，苦于无法走上属于自己的灵魂道路，然后开始讨厌自己，甚至憎恨自己？

简单来说,如果你的空白中心开始陷入非自己的状态中,你会发现自己开始钻牛角尖,拼命思虑,像小狗咬尾巴般不停转圈圈。换句人类图体系的术语来说,这些空白的领域就是一个人最容易深陷非自己——深陷痛苦纠结挣扎挫败愤怒等负面情绪的区块。如果以计算机来做比喻,非自己的状态就像计算机中了病毒一样,导致不断开机关机,无法执行任何命令。如果一个人呈现非自己的状态,很容易深陷内在各式各样负面的非自己的对话,感到受挫或恐惧,而无法做出正确的判断与决定。

这世界上绝大部分的人,花了绝大部分的时间与精力,执着于"不是的"自己——非自己,想一想,如果你长久以来被制约得非自己,其混乱状态已经压过一切,狂妄猖獗,那就像是开车上路,但是前方挡风玻璃上覆盖厚厚一层泥沙,那你怎么可能看得清前方的路呢?

天啊,"非自己"的我,该怎么办?

察觉是第一步。

提升自己的察觉能力,观照自我的状态,以及做每件事情的出发点,驱动我的究竟是什么呢?是源自创造之心,还是源自这一连串的非自己的对话呢?

第二步,学会转换。

察觉这些空白中心的混乱的非自己,并不是你,你要学习的是隐藏在这些混乱底下的人生智慧。

对于能量中心，祖师爷曾经说过一个很厉害的比喻："你的人类图设计上有颜色的能量中心，说明了你是一个什么样的学生，而那些空白的能量中心，则是你来到地球要去上的学校，里头蕴藏了你此生要学习的人生课题。"

虽然在学习的过程中难免受苦，但是在这些痛苦中却隐藏着巨大的人生智慧，等待着你，这些空白的区块就像是美好的祝福，是你这辈子可以累积最多人生智慧的地方：

空白头脑中心的智慧：开放接受新思维

空白逻辑中心的智慧：有弹性接受不同的逻辑

空白喉咙中心的智慧：有潜质可以学会各种沟通方式

空白爱与方向中心的智慧：不再执着于我是谁，知道每个人的定位

空白意志力中心的智慧：真心欣赏每个人的价值

空白荐骨中心的智慧：放松，指导周围的人如何工作

空白情绪中心的智慧：体验各种情绪，不需要为别人的情绪负责任

空白直觉中心的智慧：学习与恐惧／安全感相关的智慧

空白根部中心的智慧：享受与生俱来的平和

这一条人类图学习之路，与其说是在吸收人类图的相关知识，还不如说是一段重新了解自己、提升察觉力去制约的

旅程。

步骤是：一开始会在理智上明白，然后渐渐地，愈来愈能够察觉自己做每件事情的出发点，明白那些让自己感到挫败、难过、愤怒、不爽的负面情绪，重点并非事件本身，也不全然来自别人，如果诚实回溯至最根源的非自己，有所察觉，才有可能做出不同以往的选择，愈来愈清明，自非自己的循环脱离，开始有所不同。

而这去制约的过程，通常要花上七年的时间，由于一个人全身细胞整体更新一回的时间为七年，如果真正要把知识都内化至每个体内的细胞，至少需要七年，祖师爷认为，学习一门学问，不能仅止于脑袋理解，这是一段不断内化的过程。

这也就是为什么，祖师爷所设立的这个正统人类图体系所培养出来的分析师把整个七阶段课程念完，从头到尾至少要花上三年半的时间。他老人家认为，一个人体内细胞更新一半以上，至少需要三年半的时间，这时候，不管是察觉力或感受力都已到达另一层次的清明。他老人家坚持，成为一个好的分析师不是只需要有知识层面的训练，而是要能真正将所学实践于生命中，经历去制约的过程，逐渐褪去沉积许久的非自己，也唯有当你碰触到真实的自己，整个人由内到外都准备好，如此一来，你的存在，你所说出来的话，才不会只是知识层面的空谈，才会真正有力量。

第四章　非自己的混乱

祖师爷说，常常有人会来问他，成为人类图分析师，真的需要花上三年半的时间吗？很多人说自己在开始接触人类图之前，曾经上过许多课程，冥想，静心，做瑜伽，上穷碧落下黄泉，以各种方式，去追随各个灵性上师，找寻自己灵魂的道路，难道这些都不算吗？我记得祖师爷的爽朗笑声，他说，我还宁愿你从来没有学习过任何东西，或许去制约的过程对你来说，还比较容易一些。

　　祖师爷这样说，并不是傲慢，也不是认为人类图优于任何学说，而是我们一生下来，就不断不断接受来自外界的影响。所谓的制约，讲的是来自后天的教养、学校的教育、社会文化的熏陶，不是不好，也不都是负面，但是不见得符合每个人的本性。

　　如果你不清楚自己的本性，或是说，你不愿意真正相信自己与生俱来的才能，那么，日积月累受到来自父母、教育与社会的影响，最后你就会变成别人想要你成为的模样。而当一个人被制约得太久，连自己也混淆了，分不清楚什么是真正的自己（true self），什么又是非自己（not self），你就会感觉到自己很不快乐，生活得一点儿都不自在，对工作欠缺热情，也找不到适合的对象，甚至开始讨厌自己，痛恨自己……

　　学习人类图，除了学习知识之外，最重要的是要开始提高察觉，开始去分辨什么是来自外在的影响，什么又是属于非自己的混乱，练习时时刻刻都要回到自己的策略去做决定。慢慢地，再一次真正活出自己原来的本性。

这也就是为什么，祖师爷所说的以下这段话，让人感动莫名：

你只能爱自己原本的样子。

你原本可以是怎样的，你应该是怎样的，或是将来会变成的，又或是应该要成为的，甚至是别人认为你应当是如何如何的……那些都不是你，所以你无法爱上那样的自己。

如果你恨自己，其实大部分恨自己的人都恨上错的人，他们并不知道自己原本是什么样的人，于是恨上那个被牢牢制约的自己，同时恨着周遭制约他的一切，他恨的并不是自己。

你唯一能找到爱的方式，是了解并清楚自己在每个当下的行为，并且全然接受它。

学习人类图过程的第一步，就是要自觉地、不断地认出那些属于非自己的混乱，然后才能开始学习转念，像是翻开人生的谜题，得到并体会其中隐藏的人生智慧，然后，才得以重新看见并认识真正的自己。

下一次，当你的空白中心非自己的混乱又启动了，当你又觉得自己陷落到生命的谷底，我会说，待在谷底并不是意外，这是宇宙安排让你挖掘其中的人生智慧，你可以从中体悟到什么呢？学习到有关于自己、关于这个世界的，又会是什么呢？

与其慌张挫败愤怒失望，别忘了抬头仰望漫天的美丽的星星，心转念转人生转，没有过不去的事情，只有需要学习的智慧，正等待你去体会。

这就是找到爱的方式，爱你自己。

第五章

跑一场人生的马拉松

　　我把婆婆的人类图拿起来,开始仔细地研究她的人类图设计:类型、有定义与空白的能量中心,同时,我详细解读着她的每一颗星星所落入的每个闸门、每条爻。我想以一双全新的眼睛,去看待这个女人,去理解并且去体验眼前这一个独特生命的智慧,还有她正在面对的种种难题。

成为人类图分析师的路途，就像跑一场马拉松。

一开始，换上慢跑鞋，穿上轻便衣物，满怀欣喜兴奋地上路了。体力充沛，充满好奇心，什么都新鲜，什么都好玩，沿途无限好风光，这就是一开始前三个阶段的课程：你的人生使用说明书（Living your Design）、天生我材必有用（Rave ABC）与人类图全盘整合（Rave Cartography），这是设计给一般大众用来学习人类图的通用课程，以实用性的方式介绍人类图的整体架构，容易上手，有趣，好玩。

然后，跑着跑着跑着，时间拉长，体力逐渐消耗。接着，心跳加速，呼吸开始急促，渐渐地，发现自己上气不接下气，肌肉开始酸痛，有一种疲于奔命的疲倦感袭来，是的，撞墙期就这样悄悄到来。

第四阶段的专业训练课程PTL1（Professional Training Level 1）就是我学习人类图这场马拉松的大撞墙期。

祖师爷一开始设计这七个阶段的课程，开宗明义就说了，第四阶段并不是设计给一般大众的通用课程。不管是费用、时间与精神的投入，都不容小觑，换个角度想，这就是一个最真实的考验，考验的是，你渴望成为专业分析师的承诺。

如果说类型与九大能量中心是人类图体系的骨干，那么细分至六十四个闸门的特性,以及每个闸门底下六条爻的含义,就可以说是人类图的血肉。而这一整年的课程就是让学员可以专注学习《易经》六十四个卦,以及从每个卦延伸出来的三百八十四条爻,各自在人类图体系里所代表的含义。这里所学习的《易经》与爻的含意,并不是仅限于中国传统的注解,而是再进化的版本,人类图巧妙地将《易经》与卡巴拉生命之树融合在一起,并加入占星的元素。若是细细解读每张人类图上每个人每个闸门所落入的爻,整合地去解读这张人类图,那么这些众多的信息将重组,并活生生地流动起来,完整传达出一个人的生命故事。

不同于坊间的算命,人类图无法预测你生命中发生的诸多事件。因为我们相信每个人都是独立自主的个体,每个人都有其自由意志,每个当下都可以重新做选择,为自己做出最正确的决定。但是人类图却可以有逻辑地,为你明确勾勒出生命的范畴。毕竟,人生就是一连串的事件所组成,而事件本身是中立的,关键绝对不在事件本身,或是别人如何如何,而是你走这一遭,关于你的是什么,要学习的课题是什么,要体悟的智慧又是什么?

简而言之,比如,有的人的人类图设计上,每条爻的意思都与情绪有关,所以这个人这一生所经历的诸多事件,都是以各种不同的层面巧妙协助他去体验情绪的力量。如何不去压抑自己的情绪,学习与情绪和平共处,进而开始把情绪化为创作的动力,为这个世界带来更多美的艺术与创作。以爻的角度切入后,可以勾勒出清楚的生命范畴。

我也曾经解读过一个人的人类图设计,每条爻的意思都与家族相关,所以她一辈子要去体验的,都是关于"牺牲"的人生课题。她这一生中不断碰触到与家族情感相关的课题,真的不是意外。学习的重点并不是隐忍,更不是认命似的彻底牺牲下去,而是了解自己每次都可以有意识地去选择。在学习的过程中区分,并且在家族的责任与尊重自己的需求之间取得平衡,而非一定牺牲。

有些人的人类图设计就是要协助别人成功,所以他们与生俱来具备找到错误并且纠正的能力。但是更深入去看,这其中也带出与尊重相关的课题,毕竟每个人都有权利为自己的生命做选择。所以,协助并不代表可以无止境地任意去介入别人的生命,拔苗助长只会让状况更糟。你只能尽心去服务,但同时尊重凡事还是有其成熟的时机点,这世界就是不完美,而这也就是最完美的安排。

当一个人开始对自己的课题有更深入的自觉,或许就不会自动化地掉入莫名自责或者自怨自艾的陷阱里,也不必在一连串莫名其妙的迷惑、不断涌现出来的抗拒之中,虚度一生。

而这也就是专业的人类图分析师要做的事情,不只是以人类图的基础架构去解读，还要透过对每条爻的了解，去组装、去体会，去发现每个爻与爻之间原来那些共同流动的意义，真实了解到坐在眼前的这个人，这一个活生生的生命所选择要经历的生命课题是什么。如此一来，个人解读的深度才能真正显现，而这个由人类图展开，属于每个人独特的生命故事，就会开始变得很有层次，很多元，很动人。

我喜欢文字，不管是英文或中文都非常喜欢，祖师爷叙述讲解的辞藻华美，言词华丽，同时文字之外也寓意深远，听他开讲，单纯就学习本身，就是非常享受的过程。教科书很厚，每个闸门每条爻的学问复杂，祖师爷举了很多例子。常常我读了一整串，重点也画了一整串，只是愈读愈心虚，似懂非懂，感觉非常形而上，连我自己的人类图设计上有的闸门与爻，我都觉得难以全部理解，想着自己是不是人生历练不够，尚待体会。有时候一整页看了好久，看了好几遍，每个英文字都看懂了，不懂的也查了字典，但是整个串起来，宛如身陷流沙，莫名胶着，无法快，也无法抽离，不研究不安心，认真却也没什么用，若真要放弃又觉得不甘心，整个是一个鬼打墙的困局。

课程进行的期间，充满大大小小的作业与无数次的小组讨论。当然，全程一定是以英文进行，因为同学都是来自世界各国，来自不同的文化背景，大家认真研究着，对每条爻都有许多各自的体会与讨论，也常常针对某个闸门的定义争论不休。我在上课的时候问铃达老师，为什么这个闸门会串那个闸门，为什么这条爻的意思是这样，那不就与另外一条爻相抵触，好混淆呀，她尽可能解释着，但是她的解释往往也像隔着一层纱，我似乎窥见里头的脉络，却又不确定是否真的是这样。

每次，她总是温柔地说："到最后，你就会懂了，一定会有那一天，你要有耐心，继续念下去哦。"

就这样，我满头问号，边念边继续与课本僵持着，常常感到无语问苍天，这到底有什么意义呢？然后，就像是命运的恶作剧似的，就在学习最困难的时候，我竟然发现自己怀孕了，并且这一次，我意外地怀上了一对双胞胎，这件事情所带来的冲击就是，我的体力随着孕程愈变愈差，注意力愈来愈无法集中，清醒的时数锐减，毕竟我需要更多时间好好休息，因为身体正承接着另一个更重要的工作。

我的PTL1同学们知道我怀了双胞胎之后，个个都欢喜尖叫！

他们好开心，这是人类图双胞胎宝宝呢，每个人都好期待。我算算预产期差不多就落在这一整年PTL1结束的前后，换句话说，我整个孕程将与这一整年的课程完全交叠，逃也逃不掉，欲哭无泪，体力愈来愈烂，作业愈来愈多，就算怀了双胞胎，也并没有优待，要交的作业还是不能不交呀，而且作为孕妇我也愈来愈笨了，面对这堆积如山的教科书，看不完也看不懂，只能长吁短叹，深陷黑暗的深渊，天天活在阴暗的负面能量的山谷里。

那段低潮期感觉很漫长，分分秒秒都停滞在我的心头，我进退两难，好绝望，可能也是孕妇的荷尔蒙变化的缘故，我常常觉得自己好孤独，好忧愁，对未来感到好不确定。我好担心，好烦恼，明明学习人类图原本是这么快乐的一件事，还有怀孕也是喜事一件，接下来我们都会欢天喜地迎接新生命的到来，这些不都是我满心期盼、向上天祈求想达成的心愿吗？但为什么，当这两件事情加在一起同时发生，我却这么恐惧自己能力不足，为此感到困惑、焦躁，整个人疲于奔命，又力不从心。

有一回，铃达老师上课的时候说："每次感到忧郁的时候，代表的是你的生命中，有些突变即将来临了，忧郁只是一种状态，代表你正在准备接受它，你正在准备迎接一个全新蜕变的自己。"

我很想相信她，虽然当下最真实的，还是那浓得化不开的忧郁与孤独，无法被理解，无法被解决，执拗地将我环绕。

只是，我发现这次与过往人生不同的是，虽然我知道自己状况不好，却开始尽可能地为自己厘清区分，哪些是属于非自己状态。换句话说，当我又开始攻击自己，拉自己后腿的时候，可以有意识地跟自己喊暂停，我提醒自己想得更深一些，换个角度去看看，这些混乱会带给我哪些人生智慧，既然这是我这辈子要学习的课题，那么其中的智慧，必定才是重点，值得我细细体会，从中精进。

我不断告诉自己，如果这是我要跑的一场马拉松，就算我没办法像飞毛腿似的跑得那么快，也并不代表我不够好，就算最后根本跑不动，也没关系，不能用跑的就用走的，以我的节奏，以我的步伐，一步一步走下去，能走多久是多久，能走多远是多远，就算慢也没关系。

我安慰自己，行远必自迩，脑袋里混乱的思绪所滋生的顾虑与担心，只是很单纯地让我更警觉，但这并不等于实相，如果我放任自己在这里停滞了，放弃了，那就永远看不见终点了。所以，趁清醒的时候，还有体力的时候，与其不断怀疑自己而变得更沮丧，还不如实际点，多看一页书吧。

只要体力允许，只要让我再回到人类图的世界里，静下来，仔细研究人类图的知识与学问，我总会有种不可思议的满足感。六十四个闸门的每条爻的演变与进化，宛如是完整的人类进化史。我后来想到一个很好的方法，能让我更加了解每条爻真正的意思。

这个方法就是,每个人的人类图上头,都会有两个栏位,一栏是黑色的字体,上头写了Personality(个性),另一栏则是红色的字体,上头写了Design(设计),然后两个栏位上面分别标明了十三种不同星星的符号,符号旁边,各自有相对应的数字。(请对照本书最前面的拉页)

这代表的是什么意思呢?

首先,让我们先解释一下不同星星符号旁边的相对应数字,每个数字代表的就是《易经》的那个卦,而小数点后的那个数字,则是代表那个卦的第几条爻。举例来说,1.3代表的是《易经》的第一卦(乾卦)的第三条爻,28.6代表的是《易经》的第二十八卦(泽风大过卦)的第六条爻,所以这就清楚代表了每颗星星落在哪一卦的哪一条爻上头。在人类图的世界里,我们将每个卦称为闸门,每个闸门都各自代表不同的特质,而每个闸门下的每条爻,则对于这个闸门的特质做出更明确的区分,并且深入阐述有这条爻的人,此生要体悟的某些重要人生议题。

那么,黑色的个性那一栏,与红色的设计那一栏,又代表什么意思呢?黑色字体那一栏代表的是你意识到的特质,就是自己认知到的自己。而红色字体那一栏,则是代表你的潜意识，也就是你在意识层面并没有察觉到它，却在行动中不断展现出来。这些特质，旁观者清，别人可以看你看得很清楚。可能一开始你并没有察觉这些特质，随着年纪增长，回头检视自己的行为与别人的反馈时，却可以愈来愈理解自己。

我明白每条爻的含意深远，唯有深入研究并懂得三百八十四条爻的含意，还要不断地操练，才可以服务更多人。所以，我的学习计划就是，尽可能收集亲朋好友的人类图设计，然后根据每个人所落的闸门与爻，输入excel表格，列表统计。

每一次当我读到某条爻，然后又雾煞煞，丈二金刚摸不着头脑的时候，我就会对照我的人类图爻的统计大网格，找出谁有这条爻，最好是落在黑色的那一栏，这代表他对自己的这个特质是有察觉的，那么我就可以立刻拨电话给他，询问一下，拥有这条爻是什么样的体验，他有什么感受或经历，大家聊聊相互交流一下。如果对方这条爻的落点是在红色那一栏，那么我就会以一个旁观者的角度，回想他过去的种种行为，去思考其中的关联。

就这样，通过这个非常实际的学习方法，让那些原本对我而言是艰深的、难懂的爻的说明文字，摇身一变，变得非常亲和，容易理解。无形中，我也改变了对周围朋友的看法，人类图的信息协助我跳出自己狭窄的观点，带领我与对方站在一起，重新去看见。如果一个人是基于这样的价值观去看待世界时，他所看见的，会是怎样的风景啊。

这像是打开一扇扇全新的大门，顺利地走进别人的生命里，看见每个人存在的范畴是如何与我的截然不同。我不仅看见每个人在表面上的行为，还能以更深入、更不同以往的角度去理解对方。当以这样的角度切入时，每一次的交谈，都是很美的过程，这让我能更深刻地体验到不同的人生，以及连当事人都不知道要如何以言语来说明的那些深藏在内心底层的真正意图。

这段过程让我获益良多，其中有一件很关键的事，就是我终于开始以不同的角度来理解我的婆婆，这也让我与她原本僵化的关系有了新的开始，一点一滴开始转变。

我婆婆是一个非常传统的台湾地区的女性，她很善良，很热情也很热心，虽然目不识丁，却全心全意把所有的精神与重心，都放在照顾家里大大小小的身上。她最在意的就是家族、传统规范、孩子……恰巧都是标榜所谓新生代女性的我本人，完全不在意的事。加上我老公是家中幺儿，而大伯那房并没有生出男孙，所以自从我们结婚之后，婆婆满心期待的就是我快点怀孕。传承香火，就是她心心念念难以放下的牵挂。不仅要生,最好还要一举得男,这代表着家族会有新血,她才能放心,才能跟祖宗交代。所以,不管是暗示或明示或所谓善意的提醒,她总是耳提面命,认真催促我们生小孩。

她的善意,被当初的我,解读成食古不化。

我第一胎生的是女孩,她毫不掩饰地表现出失望,并立刻勉励我没关系,一定要再接再厉,再生第二胎。从某个程度来说,这真是伤了我的心。后来,她从高雄的大伯家搬来与我们同住,这种她想就近照顾家人的方式,却更让我觉得自己的生活被过度干预,充满限制,加上她有很多情绪,常常动不动就因为公公或者家中其他人的缘故,为了很多事情而心情不好。我深深受苦于无法以语言沟通的世代鸿沟,非常不耐烦,愈来愈无奈,而彼此间的抗拒、压抑下来的愤怒与挫败感,也让我们的关系愈来愈差,愈来愈疏离。

有一回,我们起了很严重的争执,我几乎绝望到想放弃了。我想来想去,真的很好奇她究竟是一个什么样的人,除了她是我婆婆这个身份之外,除了她莫名的要求与期待之外,我到底有没有真正认识她呢?我眼中所看见的、让我苦恼的她,不断在内心抗拒的她,会不会根本不代表她生命的全貌?这会不会不过是我自己的投射?有没有可能,她的存在只是巧妙唤醒了我过往内心的阴影,提醒我,是时候了,有些人生课题，我已经可以开始成熟地去面对、去学习呢？

于是，我把婆婆的人类图拿起来，开始仔细地研究：类型、有定义与空白的能量中心。同时，我详细解读着她的每一颗星星所落入的每个闸门、每条爻，我想以一双全新的眼睛去看待这个女人，去理解并且去体验，眼前这一个独特生命的智慧，还有她正在面对的种种难题。我跟自己说，谁知道呢，先卸下"婆婆"这个头衔，只是单纯地欣赏一个生命在我面前展开的姿态。如果我能懂得她，或许有一天会真心喜欢她，改善我们的关系；如果还是无法真心喜欢，那我也可以开始学习，以一个全新的角度去尊重她。

愈研究愈发觉，自己并不见得真正认识这张人类图里的她，这让我很惊讶。

简而言之，如果以我婆婆的人类图来看，她是一个极度纤细敏感的人。她有能力让别人在最短的时间内卸下心防，对于自己所坚持的事情不会轻易放弃；她有很浪漫、很梦幻的那一面，对爱情充满许多想象与期待。对人生她总是有自己的主张，她追求的是效率而非完美。她考虑的从来不是实际上的物质条件，也没有什么事先规划的企图，她认为只要去做、去碰撞，撞久了就会有一条路出来。虽然行动力是她的强项，但她总是太急，由于缺乏耐性，她往往孤注一掷，反而容易把事情搞砸。

事实上,她根本不想被照顾,只想照顾别人,尤其是照顾她的儿女们。她视传承下一代为重要的任务,但是内心其实也有矛盾与纠结的那一面,常常胡思乱想,恐惧着,自己会不会有一天被遗弃,会不会因为家族而失去她的自由,为此所困。即使她爱家里的每一个人,却又极度恐惧自己是不是哪里做得不够多、不够好,她认为自己应该要更多付出、更多操控(让每个人都听她的话)、更勇敢,以更多更强烈的行动去保护大家。但这个世界日新月异,有愈来愈多她无法涉入与无法理解的部分,她内心因而有说不出口的挫败感与愤怒,为此感觉到自己活得愈来愈沉重与贫乏。

如果以爻的角度来说,其中有一个她这辈子要学习的重要课题:"树大分支,若要让家族真正兴旺,学会在对的时机点放手是必要的。注意,分离并不代表决裂,而是家族愈来愈大、开枝散叶的必经过程。"

看到这里,我似乎可以开始理解,她常常动不动要来一下与公公的争执,还有与我们的争辩,那些别人眼中看来或许是鸡毛蒜皮的小事,却是源于她心中正在默默确认自己是否真正被爱着、被珍惜着。而发脾气、吼叫、愤怒与眼泪背后,她真正的心声,并不是想得到我们巨细靡遗的照料,因为她也热爱自由,可以自己好好照顾自己,但同时,她是如此敏感地感受着周遭的一切，她只想找到各式各样的线索，好去确认自己是被爱着、被需要着，而这也就是她的设计中对爱的定义。

我常常对她的控制倾向感到生气，却从来没想过这是源自她恐惧自己做得不够多、不够好；我因为她的缺乏耐性而感觉到压力，却没思考过，她埋怨全世界的人动作太慢，并不是她生性挑剔，而是即知即行是她与生俱来的态度与能力。她真的无法理解为什么对她来说很容易的事情，对别人可能要花很长的时间，甚至难如登天。另外，我对于她很多事情还没想周全，就急着去做，而感到恐慌，觉得太不稳当，却忽略了这是她认为碰撞没什么大不了的，从挫败中学习，就是她做事情的方式。而重男轻女，刚好不幸地，是她自小承袭的价值观，自我的无价值感，也是她一辈子正在面对的课题，而重男轻女不过是顺应她所接触的环境中，属于文化层面的制约所产生的影响。面对文化的洪流，我们每个人或多或少屈服了，我又何必自己对号入座，认为她鼓励我生第二胎就等于是攻击我的肚皮不争气，为此而感到不堪、生气或沮丧呢？

另外，对于树大分支这件事情，也确实是她不断为此悲伤受苦的课题。她从高雄搬到台北，一边是大儿子，一边是小儿子，都是儿子，其实他们早就各自成家，有各自的生活。我的婆婆却常常遗憾地怨叹，为什么她无法天天同时与两个儿子相见。之前无法理解的我，常常忍不住在内心怀疑，这是不是她意有所指，拐个弯觉得身为媳妇的我做得还不够好，不够多。原来，她也只是在经历她的生命过程。而支持她最好的方式，并不是对抗她、改变她，或者强力试图把一切都处理好，而是尊重每个生命有其过程要经历，有其课题要学习。

我们只要在旁边支持她、爱她就好了。

爱，说起来好容易。但是，为什么做起来很困难，为什么无法去爱，往往并不是没有爱，而是因为无知。当我们无法理解也无法懂得对方的处境，为了先保护自己，很容易选择先把爱封闭起来，以为这样比较安全，其实只是让生命愈活愈枯竭，让自己愈来愈挫败，与他人的关系也愈来愈干涸。

我看着婆婆的人类图，理解之后，慢慢地，开始放下很多，释怀很多。

超越表面的行为与争执，我明白真正的重点，并不在于她是对的我是错的，或者我是对的她是错的，而是我和她原本就是截然不同的个体，我们各自有看待事物的方式，除了原本与生俱来的设计不同，后天受到的文化、教育影响与成长的时代，也相去何啻十万八千里。

如果真的看懂她的生命所运作的范畴，从负责任的角度来看待这一切，我的痛苦并不是真正源自她，而是来自我自己内在的对抗。我不愿意接受她原本的模样，是我不断想以我内心理想的标准去要求她、抵抗她，同时想改变她。但是，如果可以，接受她就是她，那么我的心，或许才有机会重新去珍惜，或者真正去看见她的好。

回头看看我这个人的设计，我是这么好强，异常执拗地总想以自己的方式，去克服甚至对抗看不顺眼的一切。从爻的设计来看，我有一个关键的人生课题是："授权。适宜地分配责任。"因为我总想什么事情都自己来，而我这过度追求完美的倾向，总是以一个无比高的标准来要求自己，也要求别人，所以到最后就会造成，不管在工作或私人的领域里，我早已养成什么事情都一肩扛起来的习惯，没有空间接受别人的支持。好强，不想授权，也不觉得有任何人可以帮到我，更不愿意承认自己会有软弱的那一面。

于是，生命也终究必须在某个关头，让我狠狠撞壁，才能让这么顽固的我，真正体验并学会属于我自己的生命课题。

首先我的婆婆出现了，她表达爱的方式，在我眼中是不断涉入，于是我强烈地抗拒。只是这次不同的是，我无法像离职一样离开，也无法结束与她的关系，因为她是我的婆婆。这段生命的关联紧紧将我们连接在一起，无法逃脱也不能逃避，最后我只好把关系搞得异常疏离。然后，正当我顽固地以为，反正我还是什么都靠自己，却没想到怀了双胞胎，我的身体异常虚弱，力不从心。除此之外，我的内心是如此恐惧与焦虑，害怕自己无法照顾周全。早已习惯全部事情都一手包办的我，根本无法接受协助。就算周围有人，有资源可用，还是忍不住兀自陷入黑暗的深渊，担心所有即将发生的一切，恐惧未知，第一次感觉到自己异常孤立无援。

我还记得，婆婆知道我怀了双胞胎的消息之后，亲自打电话给我，把之前我们之间的不愉快与情绪放在一旁，她温柔地对我说：

"别担心，我们是一家人，我一定会帮你，如果担心钱，大家可以一起省着过。如果小孩子要跟我们，一定会自己带粮草来。妈妈帮你，人生没有什么过不了的事，不要担心，你就安心把双胞胎生下来好了。"

我在电话另一头，没说话，只是默默流着泪。

泪水洗涤了各自的心，缓慢地，我们开始重建一段新的

第五章　跑一场人生的马拉松

婆媳关系。

我练习开放自己，开始心平气和地跟婆婆沟通。首先，我鼓起勇气，尽可能以我不熟练的台语，与她解释她的人类图设计。我告诉她，我或许是错的，但是我真心想了解她，所以我想与她分享，以人类图的角度来看，我能够理解的她是什么模样。

她听我说着说着，时而开心地像小女孩似的，并表示她其实内心有很多想法，不知道要怎么跟别人说，正如我讲的这样。她时而回想起过往岁月的辛酸，忍不住拉着我的手，讲着讲着就潸然泪下，她诉说着她的想望、她的委屈与无奈，还有她想付出的爱。

我也坦然与她分享我的梦想，我真正想做的事情是什么。我告诉她，就算怀孕，就算很累，就算有小孩后会很忙碌，我还是想半夜起来念书。我渴望把人类图学会，我想把这个体系带到亚洲来，让更多人可以因此了解自己，活出自己，拥有更好的关系。我希望她可以理解我，支持我，协助我。

那个午后，我们说了好久好久，我讲，她听，她讲，我听。外头一片阳光灿烂，我们婆媳两个人，仿佛站在光阴的河流里，把原本的武装与防备都卸下，第一次，超越传统的身份，我们只是两个女人，打开心门，看见彼此原本的模样。

最后，她微笑点头，告诉我："妈妈一定会支持你。你要加油。"

从此之后，我婆婆成为一股稳固的保护与支持的力量，她是我最扎实的后盾。我们之间似乎跨越了一道巨大的鸿沟，真正走进彼此的世界里，学习怎么相处，怎么和平共存，这过程并不容易，但是很美，很动人，很值得也很珍贵。

我也真实体验到，这世界并不是没有爱，也永远不缺乏爱，会伤人的只是无知与误解，关键是我们有没有意愿去了解对方，有没有找到爱的途径，让彼此都能表达，得以接收到彼此的爱。

接着，就在专业训练课程PTL1（Professional Training Level 1）的最后三个月，某一天，我又拖着大腹便便的身体，如老牛拖车般，一如往常在桌前努力读懂教科书上的文字。一瞬间，像是已经在黑暗中踽踽独行许久的我，突然看见洞穴遥远的那一端，出现了微微的光亮。然后我迫不及待往前奔去，那光亮愈来愈大，愈来愈广阔，我眼前充满了光，温柔并温暖地，将我整个人、整颗心都环绕。

第五章　跑一场人生的马拉松

我突然懂了，也领会了，我读懂了，也读通了。原来这三百八十四条爻整体串起来的内容，层层叠叠，其铺陈，其架构，相互影响引发的精密关联，像是突破了跑马拉松时黑暗的撞墙期，突然被释放了，身体变得好轻盈，好自由。

那一刻，就像是突然间灵光一闪，无法言喻的清明。之后再读着书上的每一段文字，一切都开始变得好清晰，经过这么长久的努力与酝酿，有一道神奇的门，终于为我敞开了，像是体内某些旧有的部分融化了，有些新的智慧加进来。我花了时间和精神，于是，这些原本如天书般的文字，开始愉悦地对我说话，而我也有能力可以听懂了，我终于懂得铃达老师所说的：有一天，你会读懂的。

每一段忧郁困顿的时光，都只是蜕变的前置期，这一切都是你在准备，你在淬炼，成为一个全新的自己。

如有神助般，我完成了这个原本我以为不可能完成的任务，我交了每一个作业，完成了每一次小组的讨论，上完了每一堂课，念完了每一页书，缓慢稳健地，终于迎向这一整年马拉松的终点。

就在双胞胎出生的前一个礼拜，我顺利上完了这一整年课程的最后一堂课。

离分析师的终点愈来愈近，每一步都充满感谢，一路走来，我愈来愈能感受到爱、平和与喜悦，也终于明白，当你真心渴望某样东西时，整个宇宙都会联合起来帮你完成，原来落实在真实人生里，是这样的意思，这样无比奇妙的体验。

第五章　跑一场人生的马拉松

第六章

你的天赋才华通道通了没？

你的特质（通道）定义了你是一个什么样的人，也决定了你是以什么样的角度来过滤这个世界，自然而然会产生某种层面的限制。如果懂得自己的通道是什么，也知道别人的通道是什么，那么，所谓的同理心，使我们终于能够明白并接纳自己、尊重别人。

你的天赋是什么？

李白说得没错，天生我材必有用。但是我们要先知道，自己的天生之才在哪里。接着，该好好思考的就是如何把这与生俱来的一身好功夫，用得淋漓尽致，用得尽其在我，活得无怨无悔。想知道自己的天赋是什么？告诉你一个超级赞的好消息，人类图体系里的通道，就是你的生命动力，你的天赋所在。

我有四条通道，每条通道都多多少少让我吃到苦头，但同时，也让我享受到极大的好处，为什么？因为每条通道都有其独特的功能，不会用的话自误误人，暴殄天物，若是用对地方就会化身为美妙的祝福，让你实践自己的同时，也造福整个世界。

比如说，我有一条困顿挣扎（28-38）的通道。有这条通道的人，内心深处总是不由自主地恐惧自己的人生会不会虚度，苦苦挣扎于人生究竟有什么意义，什么才是有意义的？我真正在乎的是什么？如果搞不清楚人生所为何来，无法找到值得为此奋斗的意义，那么，就算表面上活得很不错，在别人眼中什么都不缺，内心还是会不由自主隐隐作痛，有种无法解释的失落与空虚感。

我还记得那一天，从国外订购的原文教科书终于到手，我迫不及待，第一次打开书，开始对照自己所拥有的通道，紧张又兴奋的心情好澎湃，几乎能听见自己怦怦的心跳声，宛如揭晓天书，终于！可以知晓本人与生俱来，老天爷赏饭吃的饭碗，究竟是长什么模样！我满怀期待仔细阅读着通道的解释内容，当我读完这条叫作什么困顿挣扎的通道时，真有一种想掀桌的冲动。

我当然很清楚自己有这种爱挣扎的瘾头，过往从小到大，我非常清楚自己无法"师出无名"，无法单纯从众，无法轻易顺从，也无法简单顺应这世界上多数人认为本应如此的规范。我并不认为我这是天生叛逆反骨，而是我必须知道为什么。为什么非如此不可？我要知道这道理从何而来，同时还要考虑这对我来说，有何意义。

我需要一个让自己心悦诚服的答案，那答案得直指我内心深处，与本人存在的价值相呼应，如果人生真要承诺些什么，那么我要承诺的，必得让我真正感受到心跳加快，血液澎湃。否则，何必浪费精神浪费生命浪费彼此的时间呢？

这也就是为什么，从小到大，我无法单纯念书考试，以联考的成绩为依归，我总会忍不住质疑这联考究竟有什么意义，我念的这些科目又有什么意义。"是否有意义"这个议题，让我挣扎，甚至空转，也让我的爸妈异常苦恼，不懂看似聪明的我，为什么就是无法直接挑一条世俗价值观皆认同的平顺道路，专挑那些会吃苦又不讨好的事情，自己奋战纠结个没完。钻牛角尖是内在最大的执念，无法放手，无法让步，最后绑手绑脚，搞得不管前进后退皆为难。

这也就是为什么，当我发现困顿挣扎竟然是我的天赋时，我不见得喜欢，我其实有点生气。内心小剧场的戏码可是演得盛大无比，我大声问苍天：所以，老天爷！这竟然是我的天赋？有没有搞错？这不就是长久以来最折磨我的内心戏？这不就是我爸妈从小到大认为我最难被管教的个性？这不就是我一直以为自己要努力改进的缺点？这不就是我不够圆融、不够平顺、不够豁达、不够平和的最终症结？不是吗？不是吗？不是吗？再说，这又是什么烂天赋，枉费我期待了这么久，渴望了这么久，这就是我与生俱来的天赋礼物？你这样对吗？有没有搞错呀！

但是我也必须承认，在那奇妙的瞬间，当我明白这令人讨厌、又总是摆脱不去的困顿挣扎竟是成立的，我也感受到那长久以来难以解释也难以被理解的痛苦，似乎就此被认得了，有种身在黑暗隧道里岁月悠长，却不预期在那最远最远的尽头处，出现了一丝光亮，让人领悟到原来出口是确实存在的。突然之间，可以喘口气了，虽然纠结依旧，到底要如何释放尚未可知，内在却开始萌生了不同以往的想望。

上课的时候，铃达老师说，三十六条通道分属不同回路，不同的类别有其不同的特性，每条通道皆息息相关，串联成这世界运行的动力。比如说，有些通道属于社会合作系列，有些则与守护家族的功用息息相关，有些则是关于独善其身、人类求生存的本能。接着，她点出了困顿挣扎这条通道并不属于以上这些类别，它属于个体系列，这样的通道底层蕴藏着创意、更新以及突变产生的可能性。

灵光一闪，她点醒了我，如果能以更宏观的角度来看这条通道，暂且放下自以为不幸的执念，或许，才得以看见这条通道截然不同的风光。

人类的历史是一段不断进化的过程，如果把每个人汇集在一起，我们各自身上所具备的通道，就像是大大小小不同形态的齿轮与螺丝，相互组装，相互配合，让这个庞大的进化体系得以顺畅不间断地运转下去。如果有这样的体认，那么世界上无人是孤岛，这不是浮华的夸饰话语，而是事实。在底层，我们以知晓或不可知的方式，分别以各种不同的形式存在着。不管你有没有认识到，也不管你愿不愿意，我们在一起，组合成整体，这个世界上的每一个人皆以不可思议的方式相互依赖，紧密相连。

这一条困顿挣扎的通道，在整体里代表着一股质疑的力量，为什么问"为什么"如此重要？道理就在于随着进化与环境变迁，许多既定的规范需要重新再调整，汰旧与更新，是不可避免的趋势。那么，总得走到某个关头，要有人先开始愿意并勇敢地站出来，发出质疑：若我们继续这样做，是最适宜的方式吗？这一切有意义吗？如果有意义，我们可以继续维持现况，如果没有，那么我们得要换个方式，因为各位，改变的时刻已经到来。

别忘了，人性不想改变，若一个人要化为这股率先质疑的原动力，内在必得具备异常强韧的特质，自然无法，也不应从众。带着人生会不会就此虚度的恐惧，才能让人更敏锐，带着高度的察觉，不断追寻对自己来说无比重要的"意义"。

一旦找到了，所有的困顿挣扎就会立刻提升至更高的层次，这股动力就会转化为强大的顽固与坚持，化不可能为可能，为这个世界带来蜕变性的思维与做法，让奇迹得以发生。

这让我想到当初自己十九岁的时候，只身跑到新西兰念书。原本在中国台湾念高中时，英文程度烂到要补考差点留级的我，因为想探索全新的世界，突然体认到将英文念懂，真是太有意义了。我突然多出源源不绝的动力，勇敢开口讲英文，日夜死记活背单词，拼命融入当地的生活，在短短半年之内，英文听说读写能力竟大幅提升，一年之后直接通过当地大学的入学考试。后来，还锻炼自己成为中英文的即席口译，我想如果当时我的高中英文老师知道了，必定认为这是个不折不扣的奇迹吧。

念与不念，其中的区分在于有没有意义。

在中国台湾，如果只是为了联考搏高分，实在无法说服自己去学习，直到身处异乡，我突然强烈涌现一定要把英文读懂的渴望，那是因为我终于了解到，语言能力是桥梁，英文是一把重要的钥匙，可以为我打开一整个全新的西方世界，让我可以品尝到截然不同的文化与思维，这实在太有意义，也太迷人了。因为有意义，所以原本我内心对念英文莫名的抗拒，就自然而然消失了，对自己真正有意义的事情并不好找，一旦找到了，字典里其他的字眼都消失了，只剩下顽固两个字。

而我的顽固，不也就如此巧妙地，成为动力与燃料，驱动我在人类图这条追寻之路上，不断往前奔驰吗？就算在别人的眼中，被视为堂吉诃德般的愚蠢与坚持，都无法动摇我想继续走下去的心意。因为我知道把人类图带到亚洲来，让更多人能够更加了解自己，爱自己，同时与周围的人创造全新的关系，对我来说就是此生最有意义的事情，一旦上路，再也无法轻言放弃。

如何找到你的天赋？你有哪些通道呢？

在人类图里头，九个能量中心之间相互连接的那些像水管一样的条状物，源自犹太教的卡巴拉生命之树，被称为通道（Channels），人类图体系里头总共有三十六条通道，每条通道都代表不同种类的天赋，各自有不同的功能、不同的用处。如果你看见自己的那张人类图上头，一条通道两端的数字都被圈起来，这就代表连接这条通道两端的闸门同时被启动了。所以，当整条通道涂满颜色，就代表这条通道呈现启动的状态，每条通道都代表一股持续的生命动力，这就是你与生俱来、一辈子可以好好运用的天赋才能。

像是强迫症一样的，比较是天性。每个人一开始拿到自己的人类图，就会迫不及待想数数看自己有几条通道，自动自发开始比较起来，似乎多条就赚到了，少的话就亏大了。然后一比完通道的数量，又忍不住斤斤计较，开始研究起每条通道的优胜劣败，看看自己的，再看看别人的。有的人沾沾自喜，有的人恍然大悟，有的人深感遗憾，有的人觉得人世间真是不公平，哎呀！

请你在了解通道之前，超越比较的范畴。

每个人都是独一无二的，你所拥有的通道，不管你认为是多还是少，事实上都是最好的安排，每个人都有其人生使命（轮回交叉），要走的路皆不相同，所以你获得的配备（通道）对你而言必定是足够的，而每个人此生要学习与锻炼的人生课题（空白中心的混乱）也大不相同，各有各自的道路，各有各自的体会，又要从何比较起呢？

你的通道组成你个人独特的生命动力，一个发挥自己生命动力的人，自然而然就会散发出魅力与存在感，让人无法忽略其存在。

比如说，美国前总统奥巴马就只有一条通道：梦想家的通道（情感充沛，充满能量的设计）。当他领导众人实现一个崇高的理想时，就可以发挥强大的影响力。毕加索总共有两条通道：抽象的通道（脑袋中不断出现画面的设计）与架构的通道（天才到疯子的设计），所以他将脑中的画面重组之后，以天才近乎疯狂的方式来展现，改变了全人类对美的观感。对于通道来说，重点永远不在量多，而在有没有真真切切彻底发挥出来。

以人类图的观点，了解各式各样的天赋，练习以不同的切入点，重新认识自己，重新认识周围的人，就能对这个世界产生不同的观感。我开始思考日常生活中所遇到的人，为什么会有某些举动，或做出某些决定，他们可能会有什么样的通道呢？

放下既定是非对错的评断，单纯地先理解他们所看见的世界如何运转，如何与我的世界天差地别，每个人皆活在自己所认知的实相之中，真正的问题或症结，永远不在别人身上，而是反映出我自己还无法以宽阔胸怀去接纳的，那会是什么呢？

比如说，那些看起来总是不断地吹毛求疵、一板一眼、有着完美主义倾向的人，极有可能他的人类图设计上头，就是有那么一条批评的通道（18-58），这条通道是源于对全人类的爱与喜悦，舍不得有人过得不好，所以想找出现实中行不通的错误，纠正之后，让这个世界变成一个更美更好的地方。（很美，对不对？）

比如说，有些人莫名就是好胜心强，忍不住想比较，想争个高下，让与之相处的人不由自主就会感到压力好大，这可能是他们的人类图设计上头，有一条发现的通道（46-29，争强好胜的设计）：全心全意投入，去体验去经历，人生的道路就是一段发现的旅程。所以呀，那争强好胜背后，其实代表的是一个人不轻言放弃、每个当下全力以赴的驱动力。

比如说，有些人的情绪好丰富，今天哭明天笑，现在狂喜待会儿愤怒，情绪高低起伏充满戏剧化，狂风暴雨似的毫无道理可言。这可能是他们的人类图设计上头，有一条多愁善感的通道（39-55），这让他们对情绪非常敏锐。情绪对这样的人来说，就像品酒师之于红酒，可以品出不同款的葡萄品种、年份、产区，可以感受到土壤与空气的湿气赋予酒本身所酝酿的气息，独一无二，意境悠远。有这条通道的人常被情绪化所苦，殊不知这股情绪的动力，赐予灵魂层次多么丰富的创造力，足以成诗成歌，将忧郁化为旋律，带领我们进入另一个奇幻又精彩绝伦的艺术世界。（好棒，是不是？）当我偏执地将对方归类为一个情绪化的疯子前，有没有可能只是我没看见，一个正深深禁锢自己的灵魂，无处可退也无路可去，还没学会如何将天赋化为艺术的形式来表达。也许，眼前的疯子，其实是个还没被看见的创作鬼才？

比如说，有些人的思考模式好跳跃，说话也好跳跃，时而语出惊人，时而鸡同鸭讲。先不管合不合时宜，会不会让人觉得尴尬，沟通因此障碍重重，与之共事变得相对困难。这样的人很有可能有一条架构的通道（43-23）。这是天才到疯子的设计，可以跳脱既定的框架思考，所以看似不合逻辑，其实下一步，可能会出现的就是蓝海策略，得以改变整体运作的架构，彻底颠覆了既定的游戏规则，所以我们才能更进步，看见与以往截然不同的可能性。

比如说，有着即知即行这条通道（34-20）的人执行力一流，行动力惊人，与他们一起工作很过瘾。相对的，他们也常常让人措手不及，由于过于冲动并专注在行动中，往往一开始没有耐性让对方把话说完，就急急忙忙投入其中，所以心急就容易乱，而乱中就容易出错，因为贪快而把事情搞砸，不够仔细、圆融。

一体两面，这三十六条通道都各有其特性，当然也各有其限制。祖师爷说过："你所擅长的，同时也是限制住你的所在。"这道理很好懂，你的特质（通道）定义了你是一个什么样的人，也决定了你是以什么样的角度来过滤这个世界，自然而然会产生某种层面的限制。如果懂得自己的通道是什么，也知道别人的通道是什么，那么，所谓的同理心，是我们终于能够明白并接纳。

基于每个人擅长的并不相同，我可以学习接纳真正的自己，同时也明白，对方眼中所见、内心所想，与我的世界本就大不相同。或许无法同意，但至少能以更高的层次去理解，是的，这世界每个人就是不相同，而尊重，是必要的。

长久以来，我们的教育体制总是训练我们去看自己不足的地方，以补强出发，不断地找寻自己哪里有问题（What's wrong with you?），到最后，只会造成每个人一直想成为"不是的"自己，不断羡慕嫉妒别人所有的，却忘了看见自己，无法珍惜自己的长处（What's right for you?），更没办法真正成为"是的"自己，如果继续这样下去，如果我们忘了尊重与看见每个人的独特性，不断

第六章　你的天赋才华通道通了没？

将每个人压抑成固定制式的模样，只是制造出更多愤怒与挫败，还有苦涩罢了，若是天生我材无法用，那会是一个多么令人遗憾惋惜的黑暗世界。

解决之道，你只要做自己就好了。

我们可以学习去创造一个新的世界，够大也够宽广，足以包容各式各样特质的人，我们学会尊重彼此，让每个人都能将自己展现出来，贡献独特的力量。

你可以看见吗？那会是一个多么美丽的世界。

第七章 喊出名字一瞬间

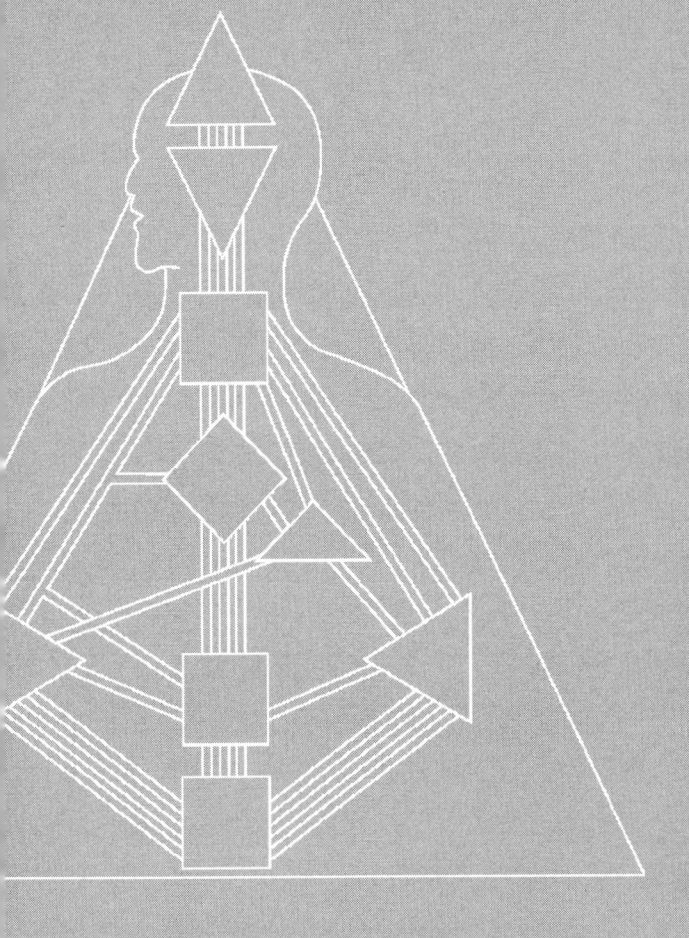

如果能够再一次，清楚看见真正的自己，做出区分，像是终于有了解答，有了明确的咒语，带领我们超越那些困住自己的信念，找到内在怪兽真实的姓名，那一瞬间，就可以指着它们，大声说：怪兽，我看见你了！

在魔法的世界里，流传着一个古老的传说，若一名巫师要制服怪兽，只有一个方法，那就是不管这巫师内心有多么恐惧，就算生死一瞬间，自己极有可能被怪兽摧毁，都要找出怪兽的名字。唯有面对面，认出这股黑暗的力量，体验你的畏惧，与自身的勇敢同在，大声地，义无反顾地，高喊出怪兽的名字。

那一瞬间，与怪兽面对面，喊出来。

收服怪兽的唯一方法，是勇敢面对，指认并做出区分。当你实实在在地，认出那属于黑暗的本质与原貌，那只原本充满野性想攻击你的怪兽，人人害怕的、巨大的邪恶力量，在那一秒中，那一瞬间，将立即烟消云散。

而你，将再一次完整地，拿回属于自己的力量。

我喜欢这个传说，我总感觉内心住着一些哥斯拉大小的怪兽。年轻时，我跟它们不太熟，它们常常出来捣乱，出来搞鬼，出来吓唬我，抓住我，阻止我，而我只会近乎愚蠢地，拼命压抑它们，抗拒它们，甚至否认它们的存在。我与怪兽顽强缠斗，愤怒对抗并恣意交战着。我以为只要以暴制暴，强者恒强，盲目用尽力气，宛如用布蒙住了双眼，却没料到节节败退，只落得身上伤痕累累，挫败失望又疲倦难耐。

我原本以为只能独自一人，孤独地，不断进行这场似乎

第七章　喊出名字一瞬间

永无止境的战役。没想到，在二十九岁那一天，宇宙温柔应允了我，因缘际会，启动了命运之轮，在某个貌似平凡无奇的人生一刻，为我带来了翻天覆地的改变。

在遇见人类图体系前，在我的生命中大概有将近十年的时间，不管是在自我成长、学习与工作各个层面，都与"体验式课程"（Experiential learning）息息相关。起始于体验式课程，一直到与人类图相遇，这对我的生命来说，是一条前后相连的自我成长路径。

二十九岁那一年，我正在一家大型的外商广告公司上班。那年冬天，有一天，我的工作伙伴阿德突然像被什么邪灵附身似的，跳脱原本安静害羞的个性，变得异常兴奋热情（怪异）。他满怀热忱地告诉我，他去上了一个所谓五天的"基本课程"，突然有超多不同以往的体会，他觉得自己好正面，充满希望，打算要迎向自己的梦想。他带着十足鼓舞人（疯狂）的语气，告诉我，他真的很希望我去上课，他希望把这个特别的礼物送给我，但是我得自己付学费，如果我信任他，请去上课，等等，这样非常类似直销体系的恐怖话语。

我真的很担心他。

我说好。我答应阿德会去参加介绍课程的相关讲座，他好开心好开心好开心，我则在内心默默想着他实在病得不轻，看来这一次，我得深入贼区去拯救他才行。

我不仅听了那场介绍课程的讲座，在阿德满心期盼的双眼注视下，我决定不入虎穴，焉得虎子，必定得更深入了解，才能知道这到底是在搞什么鬼，当场我相当有义气（盲目）地报名了那堂号称好神奇的基本课程。

谁也没料到，在很短的时间内，我不仅上完了基本课程，还迅速上了高级课程，走完第三阶段的领袖行动课程，摇身一变，我也变得好正面好积极好热情，劝说周围的亲朋好友去上课。我上完溯源课程，又参加各类工作坊，还欲罢不能地继续训练自己成为课程中的即席翻译。而在接下来我生命中宝贵的十年里，自己不仅在原以为的贼区被彻底同化，还成为其中最狂热的一员。

什么是体验式课程？

简而言之，那是一连串在课堂里以模拟剧场的模式，创造新的体验，来引导学员更了解自己的课程。这一系列课程的设计包含许多体验式的练习，这些精心设计的练习，将神奇地，在教室里化成生命各个不同阶段的缩影，让每个人有机会真实体验自己的思维、情绪与感官，透过与讲师的互动还有学员之间的分享，得以穿越那些困住自己的核心议题。

若要总结体验式课程教会我的是什么，我会说，它传递出一个极关键的核心概念：你是一个什么样的人。

换言之，人生表面上看来的困局（Having——你现在实际上所拥有的现况），往往来自之前选择做或不做的行为（Doing——你的种种决定），而做决定的依据，来自原本根深蒂固的信念与想法（Being——你的态度，你的特质，你是一个什么样的人）。要先成为自己，活出每一个美好的特质，才会去做正确的事情，在生命中拥有你渴望的结果。

我对体验式课程有说不出的浓烈情感。那十年，体验式课程像是一个强大的磁铁，紧紧地吸引着我。一步接着一步，让我单纯地从一个学生，到充满热情地选择回去服务，成为义工，然后不断以各种不同的方式参与其中，再成为课程的专职翻译，累积经验，翻译了近百场的课程。到最后，我追随我所尊敬的基思·本茨（Keith Bentz）老师，甚至义无反顾地加入他所主导的讲师培训班，渴望未来有一天自己会成为讲师。

我永远记得自己在某阶段课程中的某一个时刻，通过讲师的带领，内心被强烈撞击震撼，那力量，穿越所有表面的伪装与烟雾，直指生命核心的关键转折点。

"所以，你是一个什么样的人？"

基思·本茨（Keith Bentz）老师双眼笃定地看着我，不管那时的我已经泪流满面，无处躲藏，他丝毫没打算让我轻易混过去，因为他知道，我就是为此而来，这一刻，全世界寂静无声，似乎再也无人存在，只剩他，还有我的心跳声，真实面对我生命中最核心的课题。

"贡献。"我轻轻说出答案，毫无迟疑，却忍不住哽咽。

"你要记得，这就是答案。"他坚定的语调，我一辈子也忘不了。他看着我，直视灵魂般锐利，也像阳光般和煦温暖，对着我，他讲了以下一段话，深刻烙印在我的心里：

你是一个有能力的女人，我知道你身上具备一位讲师的所有特质，只是你自己对此还有怀疑。我知道现在的你，站在这里，你必须穿越许多恐惧，要有很大的勇气，这就是考验。这一路我知道你曾经挣扎，对自己有很大的怀疑，我想告诉你，我看见你的内心深处，想成为讲师的真正理由，那是因为你真的有很深的渴望，想去触碰更多更多的心灵，即使表面上你装作不怎么在乎，好像人生在你眼中只是一场好玩、热闹的派对，但是我真的看见你，我收到你的承诺、你的在乎，我明白你的出发点，是为了别人，并非为了自己，

第七章 喊出名字一瞬间

这就是你表达爱的方式。

你一直以为自己的强处在于坚强与强悍，其实，你一直弄错了，你最大的力量，来自你的柔软与同理心，还有对这世界上的人，慈悲的胸怀。

有一天，当你可以活得很坦荡，愿意展现自己的脆弱时，你，才是真正的勇敢，才拥有了自己最大的力量。

这是当年在课堂上，真实上演的一幕，基思·本茨（Keith Bentz）老师对我所说的话像是一股强烈而坚定的电流，流过我全身上下每一个细胞，而从那时开始，蜕变的种子开始萌芽，日渐茁壮，不管事隔多少年，每一次想起那场对谈，依旧让我心中有无限感动，忍不住红了眼眶。

如梦一场，却是无比真实的生命体验。

这一系列体验式课程改变了我的生命，人生无法重来，如果当初没上课，或许可能也会出现别的事件，让我的人生大转弯。但是，无论如何，我真的很庆幸当初的我，选择走进了那间基本课程教室。现在看来，那十年体验式课程带给我的淬炼，宛如清澈的流水天上来，洗涤了那原本尘封的我，彻底颠覆我底层的信念，让我有机会去看见真实的自己。穿越假象之后，面对面，我承认了，也学习到，投降于内心所向，逐渐愿意去接纳自己是一个什么样的人。

像是巫师终于可以正视眼前黑暗的力量，察觉到我可以，从内而外，对自己坦诚。对于过往自我设限的循环，看得愈来愈清明。虽然我还不知道该怎么做，不知道前方的道路究竟在哪里，不知道那一整群怪兽的名字，但是我似乎已经走在路上了。

那么，后来究竟发生了什么事，为什么后来我会选择人类图，而没有继续体验式课程的讲师之路呢？

在我完成基思·本茨（Keith Bentz）老师的讲师培训班之后，下一步的学徒计划，就是要跟随师父在不同的城市间飞来飞去，不间断地上课，进教室，不断练习，不断操练，直到被师父正式认证为合格的讲师为止，但是那时候的我，却选择暂停，我决定不再继续往前走了。

原因有很多，但最主要的因素是我的身体做了选择。

当时我怀孕五个月，那是第一胎。那天下午，我望着眼前我无比尊敬的老师，一方面感觉到难以启齿，另一方面却也清楚知道，平常身体实属勇健的我，却在怀孕之后有了很多变化，除了随着孕程进展，精神与体力皆愈来愈虚弱，另外我还顾虑到当孩子出生之后，我想提供给她一个什么样的成长环境，我想和她创造出什么样的关系。左思右想，我知道这一次的决定，是我真正想做的事情。

"我决定接下来这段日子，选择和我的孩子在一起。"我边说边忍不住掉泪，"我不想一边怀孕一边到处飞行，我也不想因为自己要不断进教室操练，而错过她成长的时光。"Keith老师微笑了，他慈祥地看着我，知我懂我者如他，对于我所做的决定，他并没有表现出太大的惊讶，他淡定地问我：

"你知道当一个讲师，真正要学习的是什么吗？"

我强忍着泪水，默默摇摇头。

"投降。"他的语气认真。

"其实，这也是人生要教会我们每个人的事情。"他看着我的眼睛，"我一直在想，要如何教你，怎么样才能让你学会投降呢？后来我想到两种方式：我们可以在教室里拼命演练，拼命对你这个人开工，但是这样的路会很痛苦。另一种方式，我个人认为也会是最好的方式，就是让生命来教会你。而孩子，会是你最好的老师。"

我点点头，频频拭泪。

他告诉我，选择孩子永远会是对的，他完全能够理解我，以一个过来人的经验，当初的他并没有选择这个选项，回头再看，却是心中长远的缺憾。我紧紧拥抱了他，这位改变了我一生的老师，不知道为什么，在那一刻，我心中莫名地，涌现一股了然于心的感伤。似乎我明白了，我与Keith老师的缘分，在此暂时告一段落。我永远会尊他敬他为我的师父，但同时，人生这条路行经至此，他也已经尽其所能教会我所能学会的，而接下来的，就看我自己了。

聚合与离散之间，各人有各人的一条路，我们都持续以独特的方式，走在愈来愈了解自己的路途上。就在我选择成为全职妈妈那几年，基思·本茨（Keith Bentz）老师也逐渐将他训练课程的工作重心转至南美洲，我们依旧保持联络，相见的次数却愈来愈少。

回溯当初走进基本课程，表面上看来，是浅薄的我，自以为是想拯救那看似误入歧途的阿德，若再深入潜意识的最底层，我最想拯救的，会不会是那个在社会既定的文化洪流里，愈来愈迷惑、愈来愈恐惧、沉沦麻木的自己呢？每一次走进教室里，不管是什么样的课程，都是很好的练习，出自我的选择。我相信，浩瀚的宇宙中存在一股更高的力量。每一天，每一次，都是铺陈，都是接续，都是缘分，我们成为彼此生命中的风景，也互为贵人淬炼了彼此。

我思考着他所留给我的课题："投降"，我是否真正愿意、体验"投降"呢？

对我来说，投降，是一种心态上终极的臣服，投降于我是一个什么样的人。每个人来到这个世界上有其使命，这是蜕变的过程。我知道自己渴望碰触更多心灵，这是我的使命，我可以感受到自己或许具备了某些才能，同时，我也很清楚内在还有诸多抗拒，我贪心地想为生命找出一个标准答案，我总担忧自己是不是还不够好，困惑依旧存在，在我脑中嗡嗡作响。我是，我知道了，我却无法真正臣服。我抗拒，我想接受，却无法真正释怀。我想做到坦然，却感到矛盾纠结。这一团内在的混乱，我体验到了，我察觉了，然后呢？接下来，我又该怎么办？

蜕变过程不见得好受，却是必须要经历的道路，去芜存菁，没有捷径，最后留下的，现身的，才会是无比真实的自己。

我常常在想，如果遇到人类图之前，没有经历过体验式课程的淬炼，我最多也只会把这门学问看成是有趣的知识而已。如果没有曾经看过许多人透过学习而蜕变，如果没有体验过成长之路所带来的震撼与感动，或许当我看到人类图的时候，也只会当成另一个有趣的心理测验，或是将此作为预测命运的工具罢了。

体验式课程是第一步，引领我进入自我成长的大门，这是基本功，让我准备好。然后，人生吹起不预期的大风，卷起我往未知的天空回旋，脱离既定体验式课程的轨道，百废待举。没有人知道，另一扇通往人类图殿堂的大门就此打开。这时候，叛逆如我，已不再年少轻狂，或许才有机会，能够真正看见人类图的广阔。这个体系有足够的广度与深度，让人按图索骥，认出那一个长久以来隐藏于内在，或许有的人早已放弃或遗忘的，真实的自己。

理性与感性，缺一不可，我们不能没有脑袋，只凭感受而过活，但是若只有脑袋里的明白而缺乏实际感受，那么与机器人又有何不同？体验式课程是透过情感上的体验，而让人有所突破，进而成长。那么相对的，就如同祖师爷Ra所说，人类图是逻辑式的疗愈（logical healing）。当人能够在脑袋的层面理解到，每一个人表面上的行为，源自底层在基因层次的设定时；当你懂得其中相互对应的关系时，在理性意识层面以为的"若要如何，全凭自己"，就不会是制约或勉强，这底层还有更深远的"没有选择"介于其中；那么，"爱你自己"就不会只限于口号或美梦，而是源于真正的理解、接纳与投降。

成为分析师的那三年半，我全心全意研究着人类图，对照过去在体验式课程教室里的种种体验，相互映照，研究愈深，愈觉得奇妙。

当我消化反刍人类图看似生硬的知识时，每次读到某些章节、某些段落中所叙述的某种惯有的思考模式或运作行为时，我脑中联想到的，会是曾经在体验式课程中发生过的某个片段或某个人曾经说过的话，或者叙述过的生命故事。这才发现，在体验课中学习的我，还有长年当翻译的我，时时刻刻伴随不同的讲师，真实接触过数千名以上的学员，这些无形中的累积，就像是一个广阔的人类行为数据库，超乎预期地，在我开始学习人类图的时候，发挥了极大的功用。

人类图运用类型、能量中心、通道、人生角色等，将每个人的差异之处，一层又一层分开剖析，然后再度重新整合，勾勒出一个人的全貌。它像是一个架构严谨的仓储归纳体系，把过往我在教室里头见过的、听到的，还有感受到的体验，分门别类，融会贯通。

架构在体验式课程的基本功之上，人类图带领我更进一步，以全新的角度，像是找到一个电力全开的宇宙无敌手电筒，不再自由心证，也不会无逻辑向外延伸，而是仔仔细细把每个人的每个黑暗角落都照一遍，看个分明。接着再进一步，厘清个中道理，懂得之后，明确地做出正确的选择。

体验式课程让我看见，每个人都不是只有表面那一层。

如果曾经体验过一个人最深刻的挣扎与为难,那么无法说服自己不去看一个人蕴藏的可能性,很难不去梦想。而人类图,则揭开了那底层的迷雾,像是终于有了解答,有了明确的咒语,带领我们超越那些困住自己的信念,找到内在怪兽真实的姓名,在那一瞬间,就可以指着它们,大声说:"怪兽,我看见你了!"

你的名字叫作"总觉得自己不够好";还有你,你的名字是"害怕冲突";然后躲在角落的那一个,我看见你了,你的名字是"恐惧失败";另外那个虚张声势、声嘶力竭,你的威力真的没有我以为的那么厉害,听好了,你的名字是"没有安全感";另外一只总爱逆袭的怪兽,你叫作"胡思乱想的焦虑",我知道你们的名字了,从现在开始,你们再也没办法控制我了。

我已经拥有了我的力量,完完全全,彻彻底底,因为我知道我是一个什么样的人了。

砰!

内在的怪兽瞬间皆化为轻烟,就像祖师爷常说的,"别无选择,爱你自己"。

穿越重重关卡与迷雾,我看见我自己,也看见真正的你,有没有听见命运之轮转动的声音?当你与我都认出真实的自己,就从这时候开始,发生蜕变。

第八章

住在你心里的那一位权威人士

有谁能比你更清楚自己的人生呢？答案不就真实存在于你的体内，只是你准备好要听见了吗？你准备好让喧哗的脑袋暂时静下来了吗？或许，每个人的内在权威，就是一个人与生俱来的内在的神性，与神对话。

经过三年半的人类图分析师之旅和第四阶段那一整年的专业修习之旅，像是一切都有巧妙安排似的，最后一堂课，刚好是在我怀双胞胎的孕程即将结束的前一周，带着来自世界各国的所有人类图同学和老师的祝福，双胞胎出生了，让为娘我处于手忙脚乱的混乱里。

照顾双胞胎的恐怖工作量，让我没有立即接续下一期第五阶段的课程，三个月之后，我又开始半夜默默连线，夜以继日，念起第四阶段的分析师专业课程。

朋友们常常说我意志力惊人，大家不懂我为什么一定要这样拼："你可以等双胞胎再大一点儿，比较不累的时候再继续念啊。""一边照顾三个小孩，一边还要念人类图，你这样不会太累了吗？"实话是，意志力一向不是我的强项，我的意志力中心是整个空白的。换句话说，我天生并没有持续运作的意志力，设定目标对我来说往往很伸展，因为我总是太随兴，而无法一步一步按照规划去完成，我很清楚这段日子的每一刻我能顺利度过，真正依靠的并非什么意志力，而是我的内在权威：荐骨中心。

接触到人类图，大家最常听见的一句话就是：回到内在权威与策略。你的策略取决于你的类型，那么，内在权威（Inner Authority）是什么？

我会说，内在权威就像是一直以来与你在一起，住在你心里的一位重量级的权威人士。权威人士既然是权威，自然有办法说了算，他知道你真心想说的答案，他知道对你来说最正确的选择。但是，若你不懂得如何与他对话，什么都不问他，那么，他很孤单，你会很遗憾。

我喜欢玛丽安（Mary Ann）老师说过的话："当荐骨发出回应的声音时，脑袋里的杂音似乎就立刻能被厘清了，而在当下最正确的选择，不言自明。"我是一个生产者，我的策略是等待、回应；我的内在权威是荐骨中心。我的动力来自每一个当下，这是驱动我往前走的动力。

当我回归到最简单，活在每个当下，基于荐骨的回应，我可以区分出来，每个当下对我而言，何谓正确的决定。如果在这个当下，我的荐骨的回应是肯定的，那么就在这个当下，全力以赴去做，百分之百投入，那么，在下一个当下，当新的选项来到我面前，我又可以重新做回应，再选择一次，继续全力以赴去做。

举例来说，如果在这个当下，我的荐骨对报名下一个阶段的人类图课程有所回应，这代表我有动力，也有渴望，想继续念下去。虽然在同时，我也可以察觉到自己脑袋里不断回旋的顾虑，担忧是否有足够的体力或时间，一边念书，一边照顾双胞胎。若回到我的内在权威，聆听荐骨所发出的回应，答案或许让我惊讶，也不见得与原本的计划相符。但是，以我荐骨的回应来做决定，到最后选择遵从我的内在权威，事后也往往证明，这一切并没有我想得那么困难。或者应该说，我这个人能承担的，远比我脑袋自以为的要多出很多。

当然，每个人的设计都不同，根据各自的内在权威，运作的方式也不一样。我的内在权威是荐骨，所以每个当下，不管大事小事，只要遵从荐骨的回应即可，一切变得很简单，每一次练习都让我体验到，这才是真正能够驱动我往前、最省力并有效的方式。顺从荐骨就等同于呼应身体底层的渴求，不必证明自己，不再担忧，没有详细计划，没有目标，没有行程表，只是当下，也只有当下，反而很纯粹，也会有力量。

"我的内在权威是什么？"

我知道你一定会急着问我。来，每张人类图设计的内在权威不尽相同，你看自己的人类图说明上，在内在权威（Inner Authority）那一栏填的是什么，就可以知道自己的内在权威是属于哪一个能量中心。

换句话说，标明是内在权威的这个能量中心，与你的人类图上其他有颜色的中心相比，具有关键且压倒性的地位，能协助你做出正确的决定，善加运用人生策略的同时，也请回到你的内在权威，让它来指引你。

第八章　住在你心里的那一位权威人士

在此挑几种内在权威的范例来说明。

如果你的内在权威是情绪中心（Solar Plexus太阳神经丛）：

这代表着，你的情绪周期有固定的高低起伏，而尊重情绪中心的内在权威，意思就是，当你的情绪高低震荡时，很容易看不见当下的真实，在情绪高点所获得的答案，与在低点时不见得相同，所以如果在当下轻易做出结论，会在情绪周期摆荡到另一个端点的时候，又再度推翻原本的定论。换句话说，情绪中心为内在权威的人，切记别在当下做决定，最好静待情绪周期走完一轮，察觉自己在情绪高点与低点都有着相同答案时，才能够做出正确的决定。这世界上有百分之五十的人，内在权威是情绪中心，换句话说，地球上有一

人类图范例 5

类型	人生角色	定义
生产者	6/3	二分人
内在权威	策略	非自己主题
情绪中心	等待，回应	挫败
轮回交叉		
Left Angle Cross of Prevention (15/10 | 17/18)		

半的人不适合在当下做决定。

当时研究到这个部分的时候,我在想这不就是我们常说的需要"三思而后行"的人吗?毕竟情绪周期有其高低起伏,在高点的时候思考的角度,与低点时的顾虑可能完全不同。这款设计的人,如果贸然想训练自己凡事当机立断,必定会常常做出让自己后悔不已的决定。有趣的是,我的爸爸就是以情绪中心为内在权威的人,回想爸爸每次不管是去看房子,还是买车子,他做任何重要的决定,挂在嘴边的话总是:"回家再想想啦。"他常说:"真正属于你的机会,不会跑掉的啦,冲动下所做的决定,总是没好事。"这让内在权威和我一样是荐骨中心的妈妈,总觉得莫名其妙,埋怨爸爸个性拖拉,无法果断下定论,殊不知,这就是最符合他的设计做决定的方式,他必定是年轻时吃了许多在当下立刻做决定的亏,才学会要等一下再做决定,而这也是最适合他的人生智慧。

情绪中心为内在权威的人,我观察他们思考同一件事情时,不断斟酌,之前、之后说的话也有可能非常不一样,但是若真的让他们有足够的空间与时间思考,等过了情绪周期再做出的决定,总会变得很周详,也很完整。

如果你的内在权威是直觉中心(Spleen):
这代表着,凭直觉做决定就对了。"相信你的直觉"不见得适用于每个人，而人类图所讲的直觉，指的是在当下一闪而过的讯息。直觉会在关键的时间点，突然化为一句话、一则提醒，也有可能是身体感官突然有了一种无法言喻、莫名的感觉，直觉的讯息并非来自脑袋的逻辑与推理，在当下可能听起来一点儿也不合理，但是其运作通常基于保护你的安全，若一旦错过了，就不会再重复第二遍。

我超爱听以直觉为内在权威的朋友讲述他们的直觉是如何神奇地保护了他们，直觉就像第六感，也像一个默默守护的精灵，自宇宙远方捎来讯息，只讲一次，轻轻提醒你，不管这可能在理智上听来有多怪异，多么不合情理，但是他们可能因为听从直觉，而没有错过与好友去世前见最后一面的机会、避过一场交通事故、事先预防了可能的变故……如果你的内在权威是直觉，只要你的心够安静，并懂得聆听，就可以听见直觉善意的提醒，减少人生中的遗憾，逢凶化吉。

除了上述的种种内在权威之外，当然还有其他比较少见的内在权威：意志力中心（Ego）、自我投射（Self-Projected）的内在权威，以及无内在权威（None）等类型，各自有运作模式，我在此就不再一一说明了，如果你想知道更详细的内容，邀请你参阅Lynda老师所写的人类图定本，会有更多阐述，也欢迎你来上人类图相关课程，在"你的人生使用说明书"初级课程中，我们将更进一步带领大家

回到你的内在权威

回到你的内在权威与策略。

回到内在权威与策略。
每个人的内在皆住着一位权威人士,既然如此,答案何须外求呢?
有谁能比你更清楚自己的人生?答案不就真实存在于你的体内,只是你准备好要听见了吗?你准备好让喧哗的脑袋暂时静下来了吗?或许,每个人的内在权威,就是一个人与生俱来的内在的神性,与神对话。与其奔驰千里去追寻最真实的渴望,不如简单地问自己的内在权威,时机到了,你一定会知道的。
该如何为自己的人生做选择?没有任何人可以告诉你,镜花水月也好,幻象也好,到最后,门外没有任何人,只有门内的自己。我像是迷失在大森林里的孩子,顺着我的荐骨内在权威,每个当下,荐骨的回应,宛如散落在小径上的小白石,一步一步引导我,闪着月光,也闪着星光,指引我往前走,找到回家的路。
如果你问我,过去这八年,我是怎么念完人类图分析师的认证课程的?然后为什么三年半之后,还欲罢不能地继续进修更高阶的人类图课程,从未间断?每一次,打开计算机与国外连在线课的时候,我总有种武陵人误入桃花源的感动,沿路落英缤纷好风光,处处精彩,顾盼之间,陈年的心

第八章 住在你心里的那一位权威人士

结就慢慢解开了，强硬的伤痛像冰雪见到暖阳，融化了，这是非常不可思议的一段美好旅程，这是实话。

只是，真正诚实的解答，会是另一个最简化版本的实话：回到我的内在权威与策略，我的荐骨远比我的脑袋更清楚如何顺流而为。

第九章 十年磨一剑

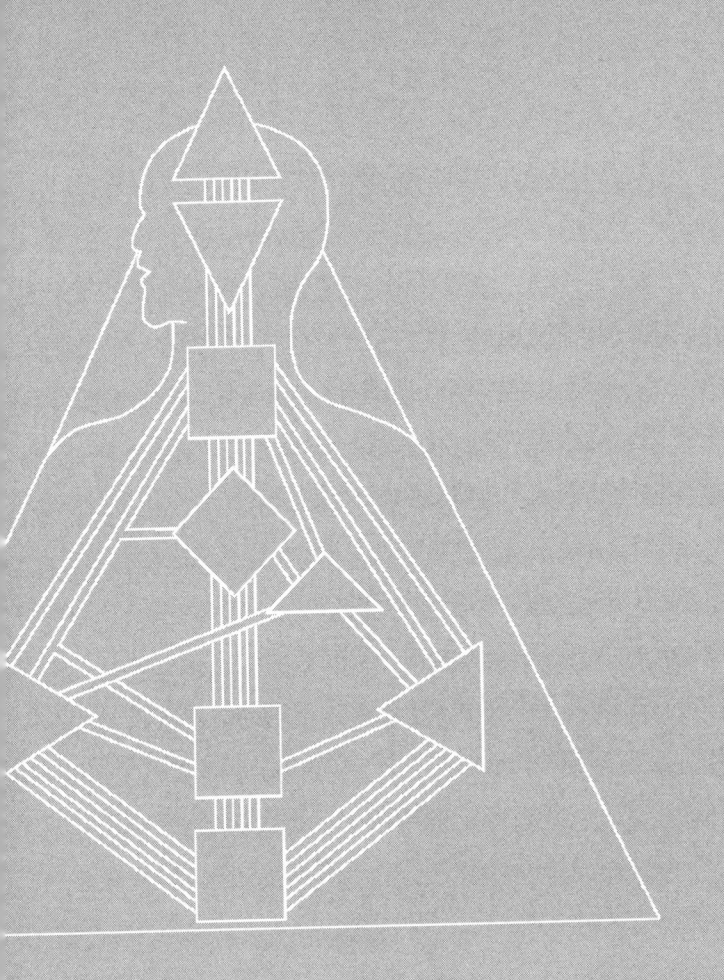

除了尊重对方，也要尊重自己的需求。当两个人都有空间可以回到自己的内在权威与策略，并且达成共识，相互独立也相互依赖地共存着，他们之间的关系自然就能行得通。

"最好的那条路,不见得是最有趣的那一条。"没错,但是讲完这句话后该接下一句:"只要真心喜爱,就会是最好的那条路。"若能发挥自己的生命力,灌注以热情,不用多久,你走的道路就会摇身一变,成为全世界最有趣也最好的那一条。

经历一天又一天昏天黑地与双胞胎儿子缠斗的日子,为防止心灵随着肉体过度劳动而枯竭,苦等到双胞胎长到三个月大的时候,为娘已经愈来愈适应,也逐渐掌握抚育双儿的韵律与节奏,就忍不住又开始半夜有规律地默默起床,接续之前未完的人类图分析师修炼之路,学习人类图,像是精神层面的嗑药上瘾,永远让我感到欢喜无比。

第五阶段,主要有两个学期,学习的重点转至流年分析与人际关系合图。

"流年?"不是说人类图不是算命吗?难道还可以批流年?"还有人际关系合图?"天啊!不是说不迷信?难道人类图还可以替人批八字,看你跟这个人合不合?

哎呀,真的不是这样的,且听我慢慢道来。

每个人来到这世界上,这段说长不长说短不短的时光,各人有各人的使命(没错,轮回交叉讲述的,就是每个人来到这个世界上的使命),各自有各自与生俱来的专长与天赋(通道决定你的生命动力,闸门讲的是专属于你的每种特质)。行走在地球这个舞台上,最终或许诸事、诸法皆空,如幻境,我们此生各有各未竟的缘分、尚未圆满的事宜。若将每个人的一生,当成一场只会演一回的舞台剧,那么人类图所讲述的流年,就是时空交会,一幕幕,生命随顺情节曲折与起落。

人类图所讲述的流年,无法清楚预测会发生的事件,却能告诉每个人,在未来这一年,或十年,你所处的环境,其范畴为何。每一年的流年算超短篇,每十年的大流年则是意犹未尽的中长篇,顾盼流转之间,幕起幕落,说不完的风光,绮丽无限。

换句话说,借由流年的解读,可以描述在这段时期,每个人环境场景的变化,以及勾勒出来到身边的人际遇合,你可以从中学习的,是什么样的课题。简单来说,从流年图里头,可以说出每个人要学习的人生功课。就像每一年宇宙都会送你几道申论题,这一年你答完题目,下一年又会有新的提问,每个小课题都是铺陈,都是准备,让你体验下一个课题,日积月累锻炼你,去处理与面对接下来更深刻、更大的主题。无形中,生命经验逐渐扩展得更宽广,与时俱进,自然而然你将懂得如何活得更圆满,也更成熟。

我喜欢人类图看待流年的角度,不是宿命,无法预测,却蕴藏着更深刻的心意。或许,冥冥中真的自有安排,那么身为一个人可以学习的，就是如何投降与珍惜，无须抗拒，也没有过不去的关卡，人生就是一个阶段接着下一个阶段，宛如星辰流转。

如果以这样的角度看待人生，每当心情陷入低潮，或觉得人生面临死结时，才有机会把眼光放远，穿越事件本身，看得懂这底层所蕴藏的深意，学习安然以对，体会其中的课题，不再困于表面，领略生命所带来的智慧。

铃达老师鼓励我们把过往十年、二十年，自己每一年的流年图印出来，比对过往人生中发生的重大事件，重新思考一次。若是以人类图流年的范畴来看，究竟这些事件，要教会我的课题是什么？

"当我再仔细回顾每一年，以学习的角度来看，我的观点有非常大的转换，我想，我再也无法以过往的角度来解释我的人生了。"连在线课的时候，她悠悠然地说着，语气传递出深深的释怀与坦然。

当然，好学好奇如我者，与铃达老师看齐，我也把自己每一年的流年图全部印出来。奇妙的是，往事，一幕幕就如同这一张张的流年图，如电影一样在我眼前放映。

翻开我十九岁那一年的流年图，没有任何一条通道接通，整张空空，几乎就如同我出生时的那张人类图一样，宇宙那一年没有送我任何一条通道。我全然体验我自己，回头再看，那是我生命中极关键的一年。我真的懂那彻底空白的流年图是什么意思，我选择从喧哗的中国台北只身移居新西兰念书，从再也熟悉不过的语言与环境，一转身就进入全然陌生的国度。我记得自己拼命学习着新的语言，认识新的朋友，接触新的学校、新的课业，但是不管我多么努力，就是需要时间适应。语言不通的我，那一年像是活在一个真空的与外界隔绝的空间里。我在，我也不在，我多想完全了解周围所有人正热闹地说着的话、举办的各种活动，却无法完全融入，好孤独。

说不痛苦是骗人的，但是后来回头再想，也只有当时处于那样的孤独状态，才能让我全心全意把英文学好，而且也不仅是语言而已，那一年其实真的让年轻的我再次归零，难得像张白纸一样，每天都充满新奇，每个毛细孔都张开，像块干瘪的海绵拼命吸取周围的文化，滋养我整个人，让我开始明白，中西方的文化是如此截然不同，而我可以懂得两边，只要我愿意学习，抱持着一颗初学者的心。

我翻着一张又一张的流年图，青春终究留不住，那潺潺流过的是我的年华，接续不断的故事讲的是：

那一年，我选择只身赴新西兰留学，从语言不通到考进大学。

那一年，我第一次陷入热恋接着心碎，从此才懂得爱一个人的滋味。

那一年，大学毕业之后惶惶然的求职生涯，开始思考自我价值与金钱对我的意义。

那一年，我选择回中国台湾，那是一段拼命疯狂工作来证明自己、怀疑生存意义的岁月。

那一年，爱情的不顺遂让我的生命转了一个大弯，让我真正认识我自己。

那一年，我决定安定下来，结了婚，岁月静好而甜蜜。

那一年，我怀孕了，在爱与恐慌中无声挣扎，疑惑自己人生角色的定位……

那一年，人类图走进我的世界，一场前所未有的突变发生了。

穿越事件本身，那一年我要学习的课题，各有其主轴，纷纷跃然纸上，我看着过往的自己经历过的每一件事情，翻腾交织之后又再度回归澄清，像是一面湖水，闪耀着岁月的波光，静默着，流年纷飞，反反复复，一年又一年。

我懂了，原来如此。

穿越表面，才能看见宇宙蕴藏的深意，有时候是看似艰难的挑战，有时候千丝百缕理不清头绪，有时候如陷十里云雾，伸手不见五指，有时候宛如全世界都静止了，一片死

第九章　十年磨一剑

寂，看似绝望，殊不知就是要让人全空了手，才有空间接受新的礼物。

每一年的流年，就像宇宙赠予的一缕丝线，可能是我之前从来没见过的颜色、质地、粗细。当下我可能完全搞不清楚，这究竟要告诉我的、要我学会的是什么道理。每一年我收到一缕丝线，默默累积着，有一天，累积到足够数量，这才恍然大悟，开始懂得，用我原本就拥有的，还有我陆续收到的，一寸寸，一段段，逐渐织成一匹全新的绸布。于是，我还是我，但是我也永远不再是我了，生命愈活愈宽广，一缕缕的丝线被织就成一整匹的织锦，更灿烂，更丰富，更光彩夺目，日积月累，无法贪快，没有捷径，只有累积，慢慢编织，然后，就这样一晃神，光阴如梭，已经织就繁花似锦。

既然是这样，而非他样，那么，何不破涕为笑呢？

与其抗拒生命所带来的种种，我为什么不能学习让自己更坦然一些，任由这一件又一件的事情洗涤我的心，累积经验。生命是一场华丽的探险，不是吗？谁知道当宇宙里星星走到某些位置上，某些通道因此而接通的时候，接下来会发生什么事？可以确定的是，没有过不去的事，物换星移，每一年我们都会有不同的挑战，这很好，这让每个人都有机会，对生命有更多不同以往的体会。

慢慢可以沉稳下来了，跟年纪多大没关系，知道人类图的流年这个概念之后，似乎底层有些原本卡住的关卡巧妙地打开了。

体验到时序渐进，所谓的缘分，所谓的安排，冥冥中，正以我们原本无法窥见的巧妙逻辑，精细安排着。那么，以我的不成熟与有限的世故，开始了解到没有什么会更好的，也没有什么好羡慕的。日子就是日子，人生就是人生，每个当下过完就没了，所以，重点就是此刻，就是当下。想太多无济于事，也于事无补，不贪心，每一刻都可以好好体会，快乐会过去的，痛苦也会。只要体验我的体验，谦逊地从中学习，就会很美，很圆满。

日子照旧一样过，我还是一边苦苦念书，一边焦头烂额照顾着双胞胎。不同的是，我清楚现阶段这流年要我学习的是，如何在家族与自己的需求中，取得平衡。这并不是一个容易的课题，但是，孩子一定会长大，星星也不会永远停留在同样的位置上。与天上闪耀的星辰一齐运转，没有什么永无止境的黑暗，也不会一帆风顺无脑似的快乐到底。有起落，有得失，有笑自然有泪，可能有几年会觉得过得比较顺、比较爽，当然也会有几年，莫名变得比较紧绷、比较辛苦，这就是过程。我可以选择生气、抗拒、感觉挫败，也可以选择心悦诚服，接受并投降于现阶段的状态，因为日子会过去，每个阶段过了就不可能重来。

回到内在权威与策略，淬炼心志就像磨一把剑，十年磨一剑，剑不怕磨，愈磨愈亮，人不怕磨，愈磨愈强。

我像小和尚一样诵经敲钟，挑水扫地，不管环境、流年如何转换，观照它，观照自己：我有没有回到内在权威与策略来做决定？就算世事多纷扰，每一个当下都是很好的练习，练习更懂得自己，更贴近自己。

突然，我灵机一动，有个新点子。

既然有流年，也有流日，如同节气的概念，星星运转，磁场也会对我们造成影响，就像气候随着节气时序而逐渐改变，如果我能够以浅显易懂的方式，每一天都写下一小段文字，以人类图流日的角度，不是算命，也不是预测，而是练习去解读，星星运转磁场的变动对我们的影响，还有其中蕴藏的课题，那必定很有趣，也很好玩。

就这样，我打开每天的流日图，仔细盯着看，没多久，在键盘上滴滴答答写下了第一篇《人类图：今日气象报告》——从那之后，不写则已，一写就停不下来了。

周一至周五每天写一篇，周末休息，写完就放在博客上，也放在脸书上，写着写着就这样累积出至今近千篇的今日气象报告，我想象自己是一台宇宙版的人肉传真机，每天，观看星星的位置，深深地呼吸，放开脑袋里的纠结，文字就如同一串银铃般的声响，透过指尖，流泻而下。

这令我静心，也像是我与宇宙之间，每日默默交流的密语。

出发点很单纯，却没有预料到，很神奇地，这一篇又一篇气象报告自行张开它们的翅膀，轻盈地飞往该去的方向，文字轻巧，穿越限制，陪伴我认识与不认识的朋友们，灵犀相通般，带领更多人对我、对人类图产生好奇，进而使之有机会了解人类图，以一个全新的角度来认识自己、来懂得周围的人、以新的观点来看这个世界，练习每一天都回到自己的内在权威与策略，爱自己，与自己同在。

第五阶段的课程，除了了解宇宙星球运转如何对我们产生影响之外，另一个部分是关于人与人之间的能量场如何相互引发影响，这就是人类图里头"关系合图"最基本的概念。

天上繁星运转，地上众人交会，每个人宛如一个小星球，在各自的轨道上运行。在人类图的体系里，每个人都有自己的能量场（Aura）。每个人能量场的大小，是其手臂伸直的长度，乘以两倍为半径，画成一个立体圆圈的范围。每个人的能量场皆不同，而人与人靠近时，彼此的能量场会相互启发。（接下来让我来讲一段顺口溜，你可要听清楚啦。）当有一个人进入你的能量场，他有的闸门与通道如果是你没有的，你和他在一起的时候就接通了；反过来说，你有的闸门与通道如果他没有，你也会接通他的。

所谓的合图，就是把两个人的人类图设计交叠在一起，这也就可以清楚解释了，在关系中，两个人需要各自妥协、主导或可以引发火花的区块，还要彼此聚焦或相互学习。

"我们两个人合不合？"常常有人忍不住会问。

或许因为我们既定的文化背景，如果两人结婚就要合一下八字，让大家忍不住一想到合图，就直接开始着急地猛问，我们到底合不合？事实上，所谓的合与不合，究竟是要以什么样的标准来判断呢？外表？学历？身世？价值观？人类图没有答案，也没办法掐指算出人与人之间，关于前世今生的恩怨与纠葛，人类图对合图的解释是：人跟人之间没有合不合，只有怎么相处，若是懂得如何彼此尊重，好好相处，关系就会长久，两个人就会合。

有人在你的内心宛如恒星，也有好些人看似总与你同行，你们却只是在共同轨道上运转的行星，样样人百百款，多如繁星，人在一生中也总会碰上几个绚烂如流星的人，偶然相守，意外碰撞，不见得能长相守，却不时在心里停留，难以忘记。这世间有太多恩怨算不清，既然遇见了，有幸相识，拥有这一段关系，那么，何不以一颗温柔又柔软的心，用心学习如何相处，如何尊重与珍惜。

当然我们可以深入去探究许多细节，你引发了我这个，我又启动了你那个，你让我生气是因为你有这个闸门，我让你抓狂是因为我接通了你某条通道……人类图里的这些知识极准确，也很有趣，非常引人入胜。

一段关系要行得通，重点就是要学会相互尊重。

到底怎样才是尊重？尊重并不是一个讲起来很好听的概念，而是必须真正地，愿意让对方有足够的空间可以做自己，可以时时回到自己的"内在权威与策略"来做决定。

在关系之中，只要有人的需求没有被满足，他感觉到委屈，很快就会产生怨怼，充满负面情绪，累积久了，关系就会崩毁。如果你在一段关系中，对方尊重你的决定，你在他面前也可以轻松做自己，那么这段关系就会自然而然行得通，而且不费力。除此之外，还要尊重对方，也要尊重自己的需求。当在关系中的两个人，都有空间可以回到自己的内在权威与策略，并且达成共识，双方既独立也相互依赖地共存着，关系自然就能行得通。

上课时，当我们讲到关系合图这部分的时候，我的英国同学莎拉分享了她的故事。她说，自己刚开始接触人类图时，常常忍不住地想与另一半分享，希望他也能接触人类图，让彼此的关系变得更好。殊不知她表现得愈狂热，却适得其反，他愈是抗拒，还避之唯恐不及。

"有一天，我突然明白了，"她不疾不缓地说着，语气中带着坦然，"我发觉我并不是真正想与他分享人类图，我内心隐藏着热烈的期盼，我多么希望他会因为学习人类图而改变，我真正想要的，是他最好变成我想要他成为的样子。

"我注意到自己不断对他唠叨，我说，你看！你有这条通道，难怪你会这样，还有你就是因为这个能量中心空白，所以才会陷入非自己的混乱。你到底要不要转换自己，做些改变呢？"说到这里，她叹口气说，"我愈是这样，他逃得愈远，因为他所认知到的人类图，只是我换了一个更大的武器，对他展开无形的攻击。"

我对莎拉所说的话，真的感到心有戚戚焉，我们多么容易流于不自觉，自认聪明地替自己也替对方贴上各种标签，将自己攻击对方的行为合理化。

"我回想自己学习人类图的出发点，是希望能更了解他，让我们的关系变得更好。所以我决定开始改变自己的心态，我不再念叨人类图的术语，而是将我学会的东西，直接落实在关系上。比如说，我知道他的内在权威是情绪中心，所以我开始学习尊重他有情绪周期，不再硬逼他在当下做决定。我知道他是投射者,策略是等待被邀请,所以我不再期待他会时时主动发起,而是换成我来邀请他一起去做,我们可以一起分享生活中的点点滴滴。

"我改变了对待他的方式,慢慢地,他在我面前变得愈来愈放松,愈来愈自在。有一天,他竟然对我说,他想多了解人类图,因为我改变了好多。"莎拉分享的体会好珍贵,也好让人感动。

"重点不在知识,而是如何把所学的运用出来,让对方可以感受到我对他的爱,从而让这段关系变得更好。"

在绝大部分的关系合图中,可以看见在每一段关系中,不可避免地,总有一方需要妥协,或感觉自己被压制,当然也会有火花,以及容易获得共识的区块。事实上,两个人并没有什么合不合,没有童话故事,也没有王子与公主从此之后永远过着幸福快乐的日子。但是,也就因为如此,我们才能不断地在每段关系中学习:如何尊重,如何善待自己与别人,如何运用智慧与同理心,让关系更圆满,更行得通。

不管是流年,或是关系中的修炼,不都是一连串磨剑的过程吗?

十年磨一剑,磨完十年,还有下个十年,剑愈磨愈锋利,回到内在权威与策略,每一天都会是很好的练习,不管我们正在经历什么,与谁同行,我们都会变得更柔软也更坚强。

这就是生命的功课啊,神奇而美妙的安排。

第十章

我知道，我很棒！

曙光，消失蒸发如露珠。那关键点在于，我肯定了我自己，我终于真诚地接受了，我是很好的，我是没有问题的，我真的很棒！我找到了自己，我颁给自己那纸毕业证书，我真的自由了。

在那之前，我幻想过无数次，在终于正式拿到人类图分析师认证的那一天，我的人生大概从此就会无怨无悔，我别无所求，连做梦都会笑。

六个阶段终于学习完成，有一天，正在准备分析师认证考试的我，突然转身望着书柜上堆满好几层的人类图原文书与CD，还有记录这过去三年半的那一沓厚重的笔记与手稿，才惊觉到，韶光荏苒，从反复质疑自己究竟行不行行不行行不行，竟也就此行经全世界无人能懂的孤寂，到最后，终究走到这一步了。

当时分析师检定考试的内容是，准备三份人类图，当成三份个案，尽可能仔细解读每一份人类图，并录音，然后送交学院。经两位以上主导分部的资深老师审核并安排口试，通过之后才能获得正式的认证。

我念了好多书，却不确定自己究竟记住了什么，只能尽力而为，我想说的内容好多好多好多，时间却有限，若是太过简化，又觉得内容不够丰富。反复整理思考之后，我把自己解读的内容录音下来，听见自己的声音里难掩异常的兴奋与慌张，像个刚毕业的外科医生，第一次要在资深前辈面前动刀。我左思右想斟酌着，前顾后盼为难着，我想塞进更多内容，想言之有物，又想讲得更白话些，让人更容易理解。我想来想去，不断思量，准备再准备，还不停自己吓自己。

"我可以吗？我行吗？"

第十章 我知道，我很棒！

每走一步，我还是会忍不住这样问自己。学习人类图，其实真的不只是学习这门学问而已，就如同这考试，其实最困难的，也并不是试题，而是这一路上，我如何鼓舞着自己，我如何真正看见并接纳完整的自己。就算感到无能为力，想哭泣的时候，我都可以体验到内在的强大，认为自己绝对不止于此的坚韧。每走一步，不见得时时愉悦，却愈走愈感激，与自己想追求的真实，愈来愈近。

终于，我准备好了录音档，寄了出去。

一个礼拜过去了，没有任何回复。

我内心好焦急，再次写信询问铃达老师审核的进展。过了几天，她只是简短回复，需要当面跟我聊聊，请我上线与她一叙。

那一夜，我紧张等待着铃达老师上线，她是我的指导老师，负责审核并检测我的分析师资格。深夜里，计算机荧幕前，我等得无比焦虑，我想着，会不会是送交的内容不够完备？还是录音的语调太过急促？是不是哪些地方有缺漏不够完美？这才是第一关，后面还要送交两个个案的录音，我默默担心着，如果铃达老师说要改进的地方太多，我一定得更努力才行。

"嗨！Joyce，你好吗？"铃达老师上线了。

"我很好，只是有点紧张。"我的声音其实根本就是颤抖着。

"为什么呢？"她熟悉的声音从荧幕里传来，一如往常，和蔼而温暖。

"因为迟迟没有回音，不知道上次我送交的第一个个案，您的想法如何？"我强装镇定，其实内心好慌张，一点底也没有。

"哦，原来如此，其实我想要你上线，是想跟你好好聊聊这个考试，还有你送来的录音文件……"是吧是吧是吧，铃达老师接下来，应该要开始跟我说有哪些不周全的地方，可以如何如何改进了吧，我早已经准备好纸笔，要认真写下她接下来的每一个宝贵意见了。

"我要正式跟你说，你，通过分析师考试了。恭喜你！"迅雷不及掩耳般地，突然间，铃达老师带着笑意，大声向我宣布了这个好消息，杀得我措手不及，坐在计算机前呆若木鸡。

"但是，老师，还有两个个案我没做耶。"我吓得有如下巴整个掉下来，嘴巴合不起来。

"哈哈哈哈哈哈哈。"铃达老师的笑声好爽朗，"我知道呀，但是我听了你送来的第一个录音档，觉得你已经表达得非常好，所以我与其他几位老师商量，把你作为一个特别的案例，在此就可以通过了。恭喜你，你已经通过了分析师认证考试。现在,你是正式的人类图分析师了。"

也不知道能说什么,地球另一端的我,情绪大爆发,默默地泪流满面。

"我想亲自告诉你,所以故意先不回信,我想亲口告诉你,恭喜你。"铃达老师的语气中带着笑意,"过去这几年,时间不算短,你真的很努力,也很用心,我都看见了,很多时候我看着你按时上线,知道你在地球的那一端,正是半夜,长期持续不间断地上课,认真交作业,期间你竟然还生出一对双胞胎来,我都不知道你是如何办到的。我要说,很荣幸可以当你的老师。我知道,你必定真正热爱着人类图,带着你的承诺,走到今天,做得好,孩子,你做得非常好呀!"

"谢谢。"我整个人大泪崩。

"从今以后,你就可以做分析师该做的事情了,我知道你已经准备好了,而这个世界上必定也有很多人已经准备好,会透过你的解读更了解自己。我想,就别让他们等太久了,现在,我要宣布你毕业了。"铃达老师的声音好好听,宛如天籁。

关上计算机。

我迅速走进卧室,摇醒正在熟睡的老公,告诉他这个好消息,他揉着惺忪睡眼,像我一样惊喜万分,他开心地恭喜我,他说他知道这一天必定会到来,真是太棒太棒了,而我紧紧抱着他，放声大哭。

眼泪里，有狂喜，有感伤，有种好不容易的解脱感，还有面对全新的未来，难以言喻的兴奋、满心期待，同时也夹带着面对未知的不安与恐惧，等了这么久，努力这么久，终于拿到我满心渴望的认证资格了，非常幸福，也感觉好复杂。

那晚我躺在床上，做了一个长长的梦。

我梦见自己在一大片的沙漠戈壁里，和一群不认识的人站在一辆超级大的载货卡车上，正当日落，漫天彩霞。

这景色好美，梦中的我可以清楚感受到，温暖的微风正吹拂脸庞，夹带着一点点细沙的触感，而太阳落下之前，放眼望去，我们每个人身上，还有这地球表面的每一寸土地都闪耀着黄橘色的光亮。

这一群人大约有十几个，正随意而友善地交谈着。他们来自不同种族，似乎彼此认识，也各自深怀绝技。大家愉悦地正前往一个不知名的目的地。而卡车只是暂时停下来，因为沙漠的日落正美，若匆忙错过，未免太可惜。大伙儿一边看着不可思议的日落美景，一边笑着随意聊天，关于最近的发现与学习心得。我发现他们每个人都是负责不同课程的老师，他们谈论着彼此接下来要推广的课程，也交换意见，关于地球上思维进化的种种现状。

我不认识他们，所以不发一语，只是静静站在旁边，观赏这难得的景象。

突然，人群里有一个绑着头发的金发女人认出我来，她开心地跟我打招呼："嘿！Joyce，你来啦，很高兴看到你呀。"我有点不好意思，因为我不认识她，但是他们都好友善，开始主动与我聊天，讨论起人类图来，"我们听说你擅长的学问很厉害呢，是以既有逻辑又有条理的方式，打开人们内心的死结哦，真的很期待，往后可以跟你学习呢"。

接着，梦中场景快速转换，我们抵达了一个巨大的考场。（不会吧，又是考试的梦？我在梦中喃喃自语着。）

话说从小到大，我常常做着各式各样关于考试的噩梦。这些梦不会紧锣密鼓天天死皮赖脸纠缠我，它们只是以一种你不可能忘记，却也还不足以造成躁郁症的频率，与我若即若离、藕断丝连，坚持并寂寞地，跟随我。

在梦的世界里，我常常独自笨拙地面对空白考卷，脑中如纸张一般空白。我会忘了带准考证，我会慌慌张张跑错考场，我会因为迷糊而搞错考试日期甚至搭错火车（为什么考场那么远，我一直想不通），然后心急如焚也无办法可想，眼睁睁看着考试就要开始，而我还在火车上，焦急一如热锅上的蚂蚁……

除了这些关于考试的事务性细节，在梦中每次赴考的科目也都暗藏玄机，我会梦见考地理，考卷上满是一大堆类似如果自武汉上火车到新疆，要换哪几条铁路线这类问题；有时候考数学，我一看考题暗暗吃惊，竟然不记得任何一条公式。

更有几次梦中惊觉自己重回当年刚到国外念书时的场景，英文非常破烂的我，面对关于经济学、商业法一连串一连串的申论题，真是欲哭无泪，苦恼自己白痴得连英文题目都不见得看得懂，又要如何申论之呢？

反正，前前后后在过去十几年间，大概我在梦里都考过N次了，每次醒来就是非常懊恼，极度悔恨。最夸张的是，有一次终于轮到考国文了，梦里我真开心，我想至少作文应该会拿到分数了吧，结果，整张考卷只有古文的之乎者也，我还是看不懂，只能胡乱猜着、选着、填空着，彻底觉得人生无望，竟然连国文的分数都拿不到，我真是不够好。是的，这是我内心终极的负面对话，如果我连简单如考试的事都做不好，我这个人到底还有什么存在价值与意义……

但是，在这一次的梦中，似乎与以往不同了。我发现，在我如此熟悉的考试场子里，这是第一次，本人内心感到前所未有的平和，甚至带着些许喜悦。

才刚刚观赏了沙漠里漂亮的日落，笨拙的我，这一次竟然万事顺遂。现在，我与一大群人坐在考场里，周围坐满同

第十章 我知道，我很棒！

学,彼此都亲切寒暄,脸上挂满笑容,那原本令我焦虑恐慌的考试,早已结束了。

到了发成绩单的时刻,就在那间充满光亮的教室里,那位我在现实世界里非常敬爱的老师基思·本茨(Keith Bentz)先生,缓缓走到我面前。他满脸微笑,递给我一张批改好的考卷,对我说:"你做得很好,你考得很棒,你毕业了!恭喜!"

虽然这是在梦中,我却感觉到无以伦比的真实,我笑着接过考卷,第一次没有丝毫质疑,对自己充满信心,满怀喜悦,我认真对他说(或许我也在对自己说吧):

"谢谢你,我知道,我真的很棒。"

当我醒来,天早就亮了,房间里充满天光,我翻身起床,独自坐在床边,静静想了很久很久,内心涌起一股好奇妙的满足感。

我知道,这场纠缠不完的考试噩梦,将随着天上的曙光,如露珠般消失蒸发,那关键点在于,我肯定了我自己,我终于真诚接受了,我是很好的,我是没有问题的,我真的很棒!我找到了自己,我颁给自己那纸毕业证书,我真的自由了。

(原来,回归自己的内心是这种感觉啊!我终于明白了。)

认证之后没多久,铃达老师特别来信告知我,他们已经把我的名字放在全球正式认证的人类图分析师网页上,看见自己的名字出现在这网页上头,内心很激动,也很感谢。

她还特别告诉我:"注名分析师资格的栏位上,从今之后会加人中文的选项,因为呀,往后我们就会有讲中文的分析师了,你是第一个。"

是呀,我是第一个中文的分析师,这是我的使命,我要把人类图推广到中文的世界来!

第十一章 连接到彼端，到你心的那一端

　　每一张人类图就像是一张乐谱，而通过人类图分析师的训练，让我们得以读懂这张乐谱，听得见每个人与生俱来的曲子，我们可以做的，就是透过言语弹奏，让对方认得那原本应当流泻出来的音符，让他们认出自己的原貌，确认之后，力量就会重现。

如何在最短的时间里，有条有理地化繁为简，对另一个人清楚说明，他是一个什么样的人？

不止这样，我还贪心地想做到更多。除了正确传递人类图相关知识，我还渴望一段谈话，可以在他的心上点一盏灯，不管当时看起来有多微弱。风中的烛光也可以亮得理直气壮，亮得无比坚定，让这个人体验到光亮，让他可以借由这短短的过程，窥见自己原本被蒙蔽的可能性，看见他原本可以成为的模样。如果能够做到这样的程度，那么，从此之后，即使世界依旧乱糟糟，他会知道自己可以做出正确的选择，他可以，活得有力量。

这是一项挑战，任务不简单，但是，我要做到。

拿到认证之后，我正式"出道"做人类图个案解读。我不断摸索着，我认为一门学问或知识不管多渊博，或多有用处，若是无法顺利传递至彼端，无法真正触动对方的心弦，不能真正服务到另一个人，让对方可以看见不同的风景，那么，就算知道得再多，再怎么厉害，也是枉然。

如何将这门学问转化成有趣的版本，让大家听得懂？必须要把人类图里头艰深拗口的术语，偏重西方思维的论点与范例，全部尽可能地在地化，尽我所能，以最浅显易懂的方式，讲成人人能懂的白话文，就像是白居易的诗，连老妇人都能读懂，要平易近人，要一针见血，但同时又不失其原貌

第十一章 连接到彼端，到你心的那一端

与深度。如此一来，才能让人类图珍贵的知识与心意传递到你心的那一端。

怎么做？不知道，有愿就有力，有心就有路。

反复尝试，反复练习，然后不断调整再调整。尽可能详尽解释，尝试以各种比喻与范例来说明。同时，打开耳朵，仔细聆听每个人的回应，询问他们的感想与体会，回去之后再思考，再修正。同样的道理，以不同的切入点，下次可以修正成一个更浅显易懂的版本，然后再接再厉，再说一回。

在初步推广人类图的过程中，我遇到许多形形色色有趣的人、事、物，锻炼的过程极珍贵，与各行各业的人互动，我也从中获得许多新鲜有趣的启发。

推广人类图首先需要跨越的第一个障碍就是：没人知道这到底是什么！大家很自然也很快速地，自动将人类图归纳为另一种新的算命工具，到底，用人类图能不能算命呢？

我们先来看看维基百科是如何定义"算命"的："算命，是一种利用个人切身信息，例如脸与手的纹路、出生八字、姓名笔画等配合术数来预测或判断命运的吉凶福祸的行为。"好吧，虽说每个人的人类图设计是按照个人的出生资料算出来的，但是严格来说，人类图并不是一个算命的工具，或者我应该说，至少它与我们传统所认知的算命，有很大的不同。

因为，知道自己的人类图设计并不等于可以预测或判断命运的吉凶福祸，我们真的没有预知未来的能力呀！人类图是什么？它是一种逻辑的方式，科学的区分，让你更了解自我，同时，协助你做出对自己来说正确的决定。

此外，对于吉凶福祸，我个人也有不同的看法。

生命是一段旅程，倘若每个人都有其命运，比如每个人的人生，有些是属于范畴层面的注定，像是出生在什么样的家庭、文化与环境背景中。但是，所谓的吉凶福祸，不应当是直线思考，或是一翻两瞪眼似的非黑即白。基于每个人的自由意志，在每个当下所做的选择，我们创造出属于自己的实相，与其将人生简化为吉凶福祸，还不如看得更深，真正去察觉我们各自在生命中所扮演的角色、身在其中的心态、事后的体验，增进对自我的了解，如此一来，人生才会有所成长与学习。

以上这段略长的论证，重点在于：请你，为自己的人生负责任。生命中会发生什么样的吉凶福祸，没人知道，但是，每个人都能在每个当下，做出对自己来说正确的选择，既然选择了，就接受这个选择所伴随而来的一切，请你，为自己的人生负责任。

这也就是为什么，当一开始有朋友以为人类图是算命，带着揶揄的心态前来，把我当成擅长铁板神算的仙姑，找我批八字问事的时候，我通常会直接问他们：你为什么来找我呢？不管是无法决定是否要换工作、恋爱的对象，或是可不可以和这个人结婚……林林总总集结人生百态的诸多问题，我的回答总是，我不知道，你要为自己的人生做选择，决定权在你身上。我无法告诉你答案，我可以为你做的，是以人类图这个工具，来协助你厘清与区分自己，当你更了解自己，区分你内心真正的优先级时，就可以清楚地为自己负责任，做出最正确的决定。

所以，人类图并不是算命，这是我的看法，也是我的立场。这是一个协助每个人可以更了解自己的工具，至于如何做决定，请回到你的内在权威与策略，你会找到属于自己的答案，没有人比你更懂你自己的人生了，如果你不为自己做决定，又会是谁呢？

我记得全球人类图社群里头，最最资深的瑞迪老师曾经说过，每一张人类图就像是一张乐谱，而通过人类图分析师的训练，让我们得以读懂这张乐谱，可以听见每个人与生俱来的曲子。我们可以做的，就是透过言语弹奏，让对方认得那原本应当流泻出来的音符，让他们认出自己的原貌，确认之后，力量就会重现。

我一直觉得这个说法很实在，也很美。

往往在做个案之前，我会望着眼前这张人类图，阅读里头所标明被启动的通道、闸门、能量中心，就能隐隐约约勾勒出明天将走到我面前的这个人，其独特之处在哪里，可以发挥多大的力量。只是，往往当我与对方见到面，并交谈几句后，很容易感到失望，因为我很快能分辨出，这个人此刻当下的现况，与这张图上头原本可以发挥的程度，其中落差之大，让人惋惜。那时我的心情其实很复杂。

就像祖师爷曾经分享的心情，我也有过。看见一张图，上面明明标明的是一辆保时捷跑车，耀眼，充满速度感，能高速奔驰，羡煞众人，伴随赞叹并扬起一阵尘埃。实际上见到面，却发现这个人陷在不断自怨自艾的循环中空转，埋怨自己为什么不能像卡车一样载货，然后更糟的还会自暴自弃，干脆把自己停在车库里头，身上日积月累累积了一层厚厚的灰尘，连漆都磨损掉，再也看不见原本的光彩。

我身为人类图分析师的工作就是，直截了当，开始动手拆解对方心里的千千结，温柔且坚定，引导对方重新来定位自己。希望能让苦主重新了解到，保时捷与卡车，两者在这世界上各有其功用，何须比较？与其让自己继续钻牛角尖下去，还不如公平客观地将一切摊开来，看看自己的强项在

第十一章　连接到彼端，到你心的那一端

哪里，保时捷一辈子注定就是保时捷，不断羡慕卡车又能如何？这世界很大，各司其职才是重点。面对盲点，穿越的方法无他，唯有明确辨认出自己的本质。

如果把自己放在错的位置上，那么惹来的诸多挫败感与痛苦，说穿了，还不是自找的。接纳自己，开始察觉，奇妙地，一切会开始迅速转动，顺流而为，逐渐回到自己应有的轨道上。保时捷与卡车，两者都很好，都很棒，这世界宽广，为什么两者不能同时存在？而你终究无法成为别人或任何人，你只能成为自己，拿到自己的一百分，活出自己，才会发光发亮。

理直气壮地活着，你的存在就能成为这世界上最独特的贡献，无人能取代。

这个概念说来简单，执行的难度很高，是一辈子的修炼。毕竟每个人活到现在，已经被搅弄得异常混乱又复杂，分析师的工作就是抽丝剥茧，借由人类图所带来的区分，不断解套，解开那大大小小让人心智混淆的套中套呀，需要耐心与同理心。等待，对方终于愿意张开双眼，再度窥见，原来这蒙尘的保时捷呀，清洗一遍后，竟然如此耀眼美丽。

人与人之间，真的不必比较。

繁华浮世，芸芸众生，各自有其苦恼，也渴望有朝一日被听见、被理解、被珍惜。每一个个案皆不断提醒我，贪恋、执意于完美无缺，是对生命本身肤浅的认知，每个人都有自己的课题，无人能代替你穿越，这是神的黑色幽默，不完美让这一切很完美。

有一回，我正准备着隔天的个案，我兀自望着桌上这张人类图赞叹不已，用大家听得懂的话来解释，这张人类图设计说，此人最大的特长就是会让人分心。（看到这里，你一定会忍不住大叫，什么，为什么要分心？这是什么功能啊？）让人分心的意思是：其存在会为众人带来灵感，带来美与爱的体验，因而分心。而分心其实是进化中一个很重要的过程，要先让一个人从原本既定所专注的位置上稍稍移开，开始开放，接受崭新的元素，结合激荡整合后，突变与创意才得以诞生。

我的脑袋转个没完，我想，如果一个人只要简单存在着，就能带来美与爱，让人分心，进而找出新的创意，不就是活脱脱一位缪斯的设计吗？缪斯耶，好美哦，这会是什么样的一个人啊？拥有什么样的人生呢？我实在太期待了。

隔天，我们约在咖啡馆碰面（我初期做个案解读，都习惯约在咖啡馆），大门一推开，有一个高高瘦瘦的女生走进来，咖啡馆里的所有人，纷纷同时往她的方向望。（看吧！

不费吹灰之力，她立刻让大家分心了！）很快地，她坐到我的面前，那一瞬间，我完全明白了何谓缪斯了。她真的好漂亮呀，脸蛋小，五官都很精致，皮肤透亮，一双眼睛黑白分明，连讲话声音都好好听，嫣然一笑就足以让人心花朵朵开，我想只要是凡人，眼光一旦落在她身上就很难移开啦，原来是这样呀，我真的见识到，缪斯原来是这样的气场，只要单纯存在着，就能让人分心，同时带来美与爱的体验。

我忍不住问她："请问你是做哪一行的啊？"她巧笑倩兮，真动人："我是模特，专门拍平面广告。"我猛点头，心想这实在太妙了，好适合她呀，云想衣裳花想容，这样的人生设计实在太棒了呀，长得漂亮好吃香呀！天！我娘为什么没把我生成这张人类图设计啦，这样的人生多美好，只要站在那边一颦一笑，就足以倾国又倾城，这不就是众人梦寐以求的理想人生吗？

"你为什么想解读自己的人类图呢？"我好奇地问她。

"噢噢噢，我好想变聪明哦。"她突然一脸忧愁，原来忧愁也可以这么漂亮哦，真的太不可思议了，"我不想当花瓶！我不想只站在那边很漂亮而已。"她竟然难过得小声啜泣起来，美女就是美女，哭起来还是很美，原来诗句里的一枝梨花春带雨，形容的就是如此。

"我好羡慕会讲话的人哦，我觉得他们都好聪明，懂好多东西，办起事情来好厉害。"

我一边听着她的忧愁，一边想着，美丽的人想变聪明，聪明的人又想变漂亮，人总是想成为自己"不是的"，然后苦苦为难自己，人真的很傻呀！为了缓解气氛，我开始解读她的人类图设计，故作轻松。其实我讲得很认真，我告诉她，如果一个人能够为大家带来灵感，让每个人感受到美与爱，那会是多么棒的特质，聪明的人有他们的任务，你也有你的，不要羡慕别人，要学习羡慕自己，肯定自己，看见自己的美丽。

当然，我心里还是忍不住羡慕着，如果下辈子投胎，我一定要当花瓶，无脑也没关系，开玩笑啦。当美女真的好吃香耶，若能全然拥抱这种人生，一定很过瘾！

随着时日过去，解读的案例数量逐渐累积，"人类图分析师"这份奇妙的工作，让我认识好多人，透过人类图，在短短一两个小时的谈话中，他们与我分享生命中的烦恼，每个人烦忧的梗也大不相同。这世界好大，每个人眼中看出去的风景都不一样。引导大家以人类图的角度，重新认识自己的同时，每一个来到我面前的生命，也在无形中默默影响了我，对人生，还有对这个世界的看法。

看多了，内心开始体验到谜底揭晓的了然。

比如说，这世界上绝大多数人为钱所苦，我们常以为，只要赚到钱，只要在物质上安全无虞，人生的困难自然解决了大半，但是事实上真是如此吗？

第十一章 连接到彼端，到你心的那一端

我有一次认真研究一张人类图，从每颗星星所落入的爻以及整体看来，这张人类图设计的主题简洁直接。简单来说，这个人终其一生要学习的课题是："要明白，钱不能买到一切。而这世界上有许多事情需要被修正，也可以被修正。但是，你偏偏就会在这一生中，遇见某件事，对这件事情不管你有多努力、多认真，到最后还是无能为力。经历这一过程，你才会懂得生命中所蕴藏的智慧是，不必修正，而是接受。坦然接纳事情就是如此，应当如此。"

我当下想着，这也讲得太概念了吧，真好奇这个人究竟有着怎么样的人生啊？

第二天谜底揭晓，一位风度翩翩的贵公子来到我面前，当我开口说出他的人类图设计时，他沉默了许久，看着我，他告诉我，他毕业于全球排名屈指可数的著名学府，一路成绩异常优良，顺利拿到硕士学位。不仅如此，他的家世优渥，一辈子完全不愁钱。同时，他也很清楚自己外貌出众，真的很帅，高大英挺，女人缘超好，论才气、论聪明皆是上上之选。

他长年运作非营利组织的基金会，由他统筹，不断影响并动员名流捐钱出力，不间断地资助第三世界国家，尤其是对罹患艾滋病的病童，他想贡献一己之力，让这个世界变得更好。

"我以为这可以让我快乐，我错了。"他的真诚让人动容，"我像超人一样到处飞，认真努力，以为可以拯救全世界。但是，到最后，我却救不了我自己。"

"钱不能买到一切，我明白这道理，真的是如此，我认识许多有名的人物，非常有名，全球各行各业的佼佼者，但是你知道吗，了解他们愈深，就会发现他们每个人的内心，其实都有很多破洞，所有这些累积的金钱、虚名与成就，只是每个人以不同的方式来填补心里的洞。我这辈子活到现在，见过这么多人，活得完整而且心没有破洞的人，屈指可数，在我看来只有一位，那就是曼德拉。"

"所以你见过他本人？"我眼睛瞪得很大。

"对啊。"他望着我笑了，话匣子打开就滔滔不绝，"我邀请过他，真的好神奇，他就是可以引发每个人内心的良善，激励大家渴望成为一个更好的人。"

"有一件我一辈子永远无法改变的事情，你想知道是什么吗？"他的眼中隐藏着忧伤，"我爸爸长年酗酒，我从小认真念书得到好成绩，要自己听话做个好孩子，逼自己考上全世界一流的大学，成为一个有用并杰出的人，累积成就。我以为，这样他就会停止喝酒，我以为有一天他会以我为荣，我要逼他改变。但是，不管我多么努力，想尽办法，他的人生就是无法快乐，他就是继续喝得烂醉。我爱他，我气他，我怨他，甚至我也恨他，为什么我就是无法修正他的人生，直到他去世。我想，他可能永远都不会知道我有多爱他。"

不必修正，而是接受，坦然接纳事情就是如此，应当如此，不完美才完美。

那天下午，回去之后他发了一段很长的讯息给我，他对我说，他懂了。

讯息的内容大概是，虽然现在还不确定自己是否能做到真正坦然，但是，至少这将是一个新的开始。或许，飞奔至全世界各个角落的超人拯救生涯，可以暂时先停下来，让自己喘口气。至于对爸爸的爱，就算再也没有机会能够面对面，好好拥抱彼此，但是一直搁在内心的懊悔与心结，却在无形中，开始松绑了，和解就变得有可能。他在讯息的最后写着：我想，父亲虽然已经不在人世间，但是在灵魂的层面，他一定可以收到我对他的歉意，还有爱。

他存放于眼底的忧伤，让我印象深刻，我也忘不了当他恍然大悟之后，像是雨后出现一道彩虹一般，眼中闪耀着希望，那么放松，那么温暖与坦然。

每个人有每个人的关卡，各有各的盲点，以及自认跨不过去的困局与为难。或许，平凡如我，永远无法做到先天下之苦而苦，后天下之乐而乐。但是，认识愈来愈多的人，听多了，逐渐懂得更多，看得更深，但愿自己具备更深刻的同理心，能换个角度去理解并体会这世间所有的离合与悲欢，进而有能力支持到更多人。

当然，在解读的过程中，有感动，有挣扎，也有不怎么愉快的经验。

我其实很怕遇到那种只执着于"解答"的人。比如说，对方只想听见我给出一个确切的答案，像是他应该做哪一行，他该换什么工作或填什么科系才有出路，又或者是他应不应该结婚，要不要分手这类，在执着于从别人口中得到正确答案的底层，真实透露出来的只是"不愿意为自己的人生负责任"的态度。

若不愿意回到自己的内在权威与策略，为自己的人生负责任，把自己的力量找回来，就算真的遇到仙佛下凡，也是无可奈何啊。

另外，还有一种不断批评自己、讨厌自己每一项特质的人，也实在很妙。有次我见到一个女孩儿，她真的很特别，长久的混乱大概已经锻炼她具备高层次的天赋异禀，她总可以以负面的角度，来看待自己身上原本可以是正面的特质。我告诉她，她的人类图设计里头，具备天生的领导能力，她立刻反驳："但是我爸妈说，女孩儿不要强出头比较好。"

我接着说她还有一样独特的特质是别人很容易信任她，所以会把重要的任务交代给她，她立刻无奈地说："我讨厌这样，因为这样我很累，我希望大家都不要信任我。"我说："其实你很聪明，可以在最短的时间内找出事情的来龙去脉，把事情的核心看分明。"她立即快速回我："你的意思是聪明反被聪明误，我懂，这就是我人生最大的悲剧。"我觉得这实在太好笑了，于是，我指着她的人类图上其中一个被启动的闸门说："你这个人超级喜欢唱反调的哦？"连想也不用想，她像是弹簧一般立即回应："哪有？不会啊，怎么会，才不会！"

我瞪大眼睛看着她，忍不住大笑起来，她也笑了，这笑声消减了她习以为常的自我防御，她愿意心平气和静下来，仔细听我对她说的话。

她知道了，自己究竟以什么样的负面观点，不断防卫着，攻击着，用尽气力与全世界对抗着，以为只要封闭自己，就会安全，殊不知这对自己好残忍，若是反反复复如此自我攻击，自我否定，怎么看得见自身的美丽，好可惜。

后来，她告诉我那天的谈话看似嬉闹，其实对她产生了极大的冲击。那是第一次，她真实地看见自己如何假装着、欺瞒着自己，只需否定一切去活着就好，原本以为只要隐藏好自己就会安全，却没想到对自己愈来愈愤恨，在底层有极大的不安全感。

她说自己回家之后，独自痛哭一场，哭完之后，像是终于发泄出体内紧紧抓着的东西，结果，原本久久停滞没来的月经，第二天就来了，顺畅得无比神奇。

她一定要写信给我，非常感谢我，她认为我有不可思议的魔力，实在太神奇。我一边读着她的信一边觉得啼笑皆非，只能说这世界真是一种米养千百种人呀。

人类图解读，就如同一次提纲挈领的简报，勾勒出一个人生命的主题、与生俱来的才能，还有不断面对的挑战。谈着谈着，让我们找到一条微妙的路径，从这一端，连接到彼岸。如果你愿意放轻松，人与人之间，为什么不能真实以对呢？暂时卸下不必要的武装，不需要粉饰。简简单单的，我们可以先谈谈你的困惑、你的烦恼、让人想不通的心结，还有你钻牛角尖的习惯。聊一聊，聊开了就好，看懂了就好。事实上，每个人都有脆弱的那一面，生命的混乱不可避免，别忘了，混乱的底层，蕴藏着蜕变的智慧。当你开始察觉时，那处于核心的困难点，自然而然就此悄悄转换了。

那几年，我宛如收藏秘密的树洞，静静地，聆听着。在这过程中，何其有幸，我得以看见众人的生命底层，宛如一池深邃的湖水，映照出正在纠结与挣扎的倒影，同时也看见其中透露出的坚毅与勇敢。

人真是具备无限的可能，就算脆弱无助，恐惧来袭，如

第十一章　连接到彼端，到你心的那一端

果愿意相信自己，去挑战，去冒险，去伸展，活出自己，再多踏出一步，延伸至更广阔的未来，必定能引发出自己内在更大的力量，萌生蓬勃盎然的生机。

另外非常常见的是，众生大半觉得人生苦，望着自己的人类图版本，觉得这张考题真是困难极了，一转头比较起别人的，忍不住好生羡慕起来。我常说，这是初识自己人类图设计的第一阶段："觉得自己好惨。"如果你觉得自己好惨，恭喜你，这是接纳自己的第一步！之后不需要太久，在人类图的世界里看得愈多，慢慢就会想通第二层的道理，那道理就是："别人的人生也好惨啊！"非常好，当你发觉自己内在竟然冒出这种独白时，就表示你的觉知层次已经顺利地大幅度跳跃提升，因为你不再只看见自身的烂，开始眼界大开，看得到别人也很烂，再次恭喜你！

而成长就是这么奇妙的一件事，如果有一天，当你一觉醒来，突然了悟："啊！大家的人生设计其实都很烂，只是烂在不一样的地方，既然如此，如果我愿意换个角度想，每个人的人生当然也有好的地方，人生有好消息，也有坏消息，没关系，我和你的人类图设计都很好。"那一刻，离涅槃只差一点点的距离，终于，得以完整地接纳了自己，同时，也真正与这世界和解，充满爱、平和与喜悦。

一张又一张的人类图，带领我认识了一个又一个截然不同的生命，像是一条又一条缘分的线，牵引着彼此，不管是新朋友还是旧朋友，我的朋友们带着更多的朋友，逐渐连接出一个温暖的网络，引发更多人愿意踏上这条认识自己的道路。

原本我也只是一曲独自在黑夜里弹奏的乐章，出乎意料地，被更多人听见了，不同的乐器、不同的和弦、有高有低的合音开始逐渐加入，彼此的心声激荡着，共振着，于是无形中，触动了更多的心弦，也开启了往后更大的可能。

第十二章 路标显现

当一个人真实地，成为自己，属于你的道路会开始出现。道路出现，怎么知道？别担心，沿路上必定会有许多机会与邀约，一个又一个路标随着前行的脚步，开始显现，像是一条隐形的线，引导你朝正确的方向走去，步上属于自己的灵魂之路。

拿到人类图分析师认证之后，我还是继续与国外连在线课，加入学习不同主题的工作坊，同时也朝更多课程的老师的认证资格前进。好几次，上课的时候，我们以各自的人类图设计作为范例，铃达老师望着我的人类图，总会说："Joyce，你准备好要教课了吗？你的设计是天生的老师呢。"

"啊……"我在内心真是感到吃惊又慌张，只能回复她，"我可以吗？我行吗？我觉得我还有好多好多没学完，我也不确定我准备好了没有呢。"

"当时间到了，路标显现，你会知道的。"她在荧幕里，温和又慈祥，一如往常，"我认为你会是个很棒的老师的，因为呀，老师，是永远无法停止学习的学生。"

当时的我，并不确定她所说的路标显现是什么意思，更不知道有朝一日，我到底能不能成为一个好老师，我只知道自己热爱人类图，也喜欢以一对一的方式，做人类图个案解读。

从一开始的菜鸟人类图分析师，默默地紧张得要命，像是第一次跳入大海游泳的生手，跳入水中的一瞬间，突然接触到透心冰凉的海浪，不由自主"啊"的一声惊呼，手脚不协调也要拼命划水，谨慎又僵硬地游着。我严格地要求自己，认真又严肃地对待每一个细节。渐渐地，我开始抓到自己喜欢的节奏，不断反复练习、聆听、修正沟通的切入点，

第十二章 路标显现

然后再练习、再修正，如同随着呼吸与韵律回应着浪潮，游着游着愈来愈适应，游着游着愈来愈得心应手，然后真的充满惊喜地，开始享受这过程，水光潋滟，前进着，有一种忘我的快乐。

我喜欢解读的时候，说着说着，在某一瞬间，眼前这原本冷若冰霜、与我素昧平生的人，慢慢地，表情像冰一点点融化了，慢慢地，眼神开始闪亮，整个人变得温暖而柔和，像是在灵魂层次点燃了一小点的火花，然后我就知道，身为人类图分析师的我，工作完成了。

我记得祖师爷曾经说过一个故事。他说，有一回，他搭飞机回家，旁边座位坐了一个老太太，老太太好奇地问他："你是做哪一行的啊？"祖师爷认真想着，该怎么解释给她听呢？他决定这样说："我的工作就是飞到世界各地，然后负责告诉每个人，你可以的，你是没问题的，你只要做自己就好了。"他常说，自己是全世界第一个人类图分析师，我们正在经历的一切，他都能感同身受。我非常喜欢这个故事，我也认为这就是人类图分析师最真实的体验。

在我们的内心深处，早已经知道什么才是自己真心所爱、情之所钟，只是那外在的制约、混乱的社会化过程，掩盖了原本真实的意念。身为人类图分析师，我们无法，也不应当告诉你所谓的标准答案。我们的养成与训练，只是重新设立范畴，为每个人提供某些不同以往的观点。若能找到一种方法，重新去拆解那团足以迷惑心智的混乱，回到内在权威与策略，就会发现，你具足所有的力量，而答案已经在你心中。没有选择，爱你自己，你是没问题的，只要做自己就好了。

当一个人真实地成为自己，属于你的道路会开始出现。道路出现，怎么知道？别担心，沿路上必定会有许多机会与邀约，一个又一个路标随着前行的脚步，开始显现，像是一条隐形的线，一步步巧妙又神奇地，逐渐引导你朝正确的方向走去，步上属于自己的灵魂之路。而属于我的路标，就如同铃达老师所说，也开始显现了。

话说成为分析师之后，一开始只接个案的我还蛮自得其乐。有一天，一个朋友来找我做人类图解读，她的名字是黛比。我清楚记得那一天，她坐在我身旁，听我一连串讲完她的人类图设计，我们练习了荐骨的声音。然后，不预期地她竟然开口问我："Joyce，你会开课吗？我觉得人类图好有趣，好想上人类图的课程，你愿意成为我的老师吗？"

"啊……"我的荐骨发出了惊慌的声音，整个身体不由自主往后退。

对于自己的反应，我忍不住笑了出来，黛比也笑了，我

第十二章　路标显现

回答她："或许吧，等到我准备好的那一天。"我很清楚当下自己的荐骨的回应并不是"是"，不管脑袋里编出什么样的理由，我知道在那个当下，那还不是我内心真实的想法。

话说人类图体系的核心课程有七个阶段，上完这七个阶段是成为人类图分析师的必经过程。祖师爷说过，并不是每个人都要成为分析师，这也就是为什么前三个阶段的基础课程，立意就是要开放给一般大众，以实用与运用为主，让每个人都有机会认识人类图，并运用在每一天的生活中。

在拿到人类图分析师认证之前，我已经顺利拿到第一阶段的引导师资格（Living Your Design Guide）。从认证的角度来看，我早已可以开始授课，但是总觉得自己还没准备好，对于课程即将全程以中文呈现，我在脑中自行生出很多恐惧，包括：真的有人会想来上课吗？（招生很麻烦耶。）到时候我上台要讲什么？（一定要制定非常详细的规划与架构，我行吗？）要去哪里开课？（适合的场地在哪里？）我如果讲得不够清楚，没人听得懂怎么办？（开始对自己产生怀疑。）

人类在意识上的进化，是一段曲折蜿蜒的过程。个案与课程的不同就在于，个案咨询着重的是深度，而课程的重点在于广度，在课堂上有更充足的时间得以完整地引领大家了解人类图的整体架构。同时，透过课堂上与同学们的互动与分享，还能体验到每个人是如此不同。除了理解别人的人类图设计，还能学习如何接纳，进而产生更大的同理心。

我喜爱课程，当一群人真实地坐在教室里，开始分享彼此在生命中所经历的种种，许多珍贵的领悟与蜕变，就宛如天光乍现，照亮了内在原本幽暗的角落。

但是，我准备好站上讲台了吗？

黛比的询问就像是第一个清晰的路标，不预期地，在我的面前显现，之后开始陆续又有朋友问出类似的问题，我渐渐发现，若这是正确的道路，宇宙必然会以各种充满创意的方式来提醒你，周围的讯息像是从遥远的幽谷传来的呼唤，一次又一次，直到你愿意认出自己，愿意坦然迎向这趟旅程。

我准备好要成为讲师了吗？我准备好面对众人了吗？我准备好要迎向下一个挑战了吗？愈是聪明的脑袋，愈会执着于过去既定的经验值，无法清楚判断未知，只能对之前没有做过的事情，产生蜘蛛网般纠缠的质疑。

我打开自己的人类图，像是点货一般，看着其中标明与恐惧相关的闸门，我熟知这其中蕴藏的每种意义。我清楚知道自己底层的恐惧，恐惧失败、恐惧权威、恐惧人生虚度没

第十二章 路标显现

意义、恐惧未知，加上空白的头脑与逻辑中心所衍生出来的非自己对话，总会不自觉地，如见缝插针一般，不断产生许许多多假设性的疑问与恐慌来吓自己。若以分析师的训练来反思，我也明白继续放任自己深陷于混乱之中，争辩不休，哪里也去不了，到最后，也只能与恐惧无休止地纠缠。

无法关掉脑袋里的混乱对话，却可以好好观照它如何荒唐铺陈，徒扰心智。

这让我想起祖师爷曾经说过，七年去制约的过程，甚至之后，所谓的非自己混乱并不会从此消失，差别在于你可以更快察觉，更快回到自己的核心（回到内在权威与策略），再次重归清明，每个当下都可以重新再做一次有意识的选择。而对我来说，我已经准备好勇敢地做出一个有意识的选择了吗？

有一晚，我与老公闲聊，我又忍不住开始自我辩证，那些我想开课，又或者是我不想开课的理由，分裂成正方与反方，我仔细评估又自我质疑着。听我焦虑地讲了一大堆顾虑，冷不防，他气定神闲地问我：

"你准备好要开课了吗？"

"嗯！"不假思索，我的荐骨突然发出一声强而有力的回应。

"怎么可能？"我自己都好吃惊，我的脑袋里原本充斥的那堆混乱对话，突然消失了。

"你的荐骨回应了，你已经准备好了。"他安静而笃定地看着我。

一阵沉默。

脑袋里的混乱来自恐惧，荐骨的回应源于创造。

固定的舒适领域很舒适，但是人生追求的不该只是舒适而已，那些我所渴望的梦想与远景，早已插上翅膀，绑上动力机，汇集成一股力量，很纯粹也很丰沛，足以带我脱离这原本的舒适圈，蓄势待发。

当然，这并不代表荐骨有回应的选项，从此会保证自动导向康庄大道，一帆风顺。事实上，许多时候荐骨真正有所回应的选项，不见得是之前已经经历过的，或是自己早已驾轻就熟的。

荐骨回应的仅止于此刻当下，而荐骨的声音所做出的"正确"决定，极有可能与脑袋认知到的"应该"或"合理"并不相符。但是长远来看，往往愈走愈远才愈能明白，若是回归内在权威与策略，一切都有其铺陈，就算这段过程乍看是错误的，长期来看，也会是正确而必须经历的，是成长的必经之路。

我接受了自己荐骨所回应的选项：开课。伴随而来，就

第十二章　路标显现

是一连串从来没处理过的麻烦事。开始备课，面对的是繁杂的中英文翻译；开始招生，又忍不住担心学生到底在哪里？默默摸索着，尝试以各种不同的管道，尽其所能，想与大众热切沟通人类图到底是什么……种种原本我之前没做过的新尝试，开始出现了，见招拆招，想办法克服，一定要做做看，做了才知道行不行得通。行得通很棒，可以继续做下去，如果行不通，就要从结果中学习如何再做调整，现在没办法，并不等于不可能，这只是代表着，现在的我还没想到办法，只要不放弃，总会找到方法，总是有路可走。

回到内在权威与策略，一步一个脚印，克服困难，再解决下一个困难，我依旧焦虑，还是不安，似乎人生这条路，就这样以脑袋无法预期的方式，在我的面前开始舒展开来。

当时阅读到以下这段话，给我带来很大的帮助与力量：

有时，人生像是拿砖头砸你的脚，切勿丧失信心。我确信我爱我所做的事情，这就是这些年来支持我持续往前不懈的唯一理由。你必须找到你的最爱，人生伴侣如此，工作上亦然。你的工作占据你大部分的人生，唯一能获得满足的方法，就是做你认为伟大的工作，而唯一能做伟大工作的方法，就是深爱你所做的事。如果你还没找到这些事，请继续找，别停下来。尽你的心力，你一定会找到。而且，如同任何伟大的事业，事情会随着时间渐入佳境，所以在你找到之

前，继续找，不要停下来。（史蒂夫·乔布斯）

我记得，开人类图课程第一班的前一天，一切终于就绪，我去采买了人类图第一堂课所需要的文具用品，我买了书夹，也买了笔、纸、名牌，还有许多细琐的小物件。

这原本也就是紧凑的一天，就像每一个匆匆忙忙的日子而已。

只是当我站在柜台前，默默等着结账，那一刻，我站在那里，突然间，我发现自己从未那么确定过，那么真实地感受到，课程即将开班，会有一群人走进教室来，然后，我将开始正式传递人类图完整的讯息。正式地，用中文，以我的方式，说出来。

之前处理关于公司或课程的一切，包括找会计师，送件，拿公司大小章，与银行打交道，所有的琐事，不知道为什么，都没有这一刻——在我拿齐了所有我想得到的上课将需要的文具，默默等着结账的这一刻来得真实。

是的，这一切即将成真。

在我走了这么远的路之后，多么幸运，我找到了最爱，找到了此生最想做的事情。

然后，如同任何伟大的事业，事情会随着时间渐入佳境。我突然愿意相信了，事情就是会这样进展，一点儿也

第十二章　路标显现

没错。我如何知道？因为史蒂夫·乔布斯这样说了，而我相信了他，我的心与这些言语共振着，当我读着他讲过的这段话，眼眶突然就湿了。这并不是悲伤的眼泪，而是一种很复杂的感觉，里头糅合了喜悦迟疑解脱，有些微感伤，也为自己感到骄傲，同时充满无限的感激与感动……

原来是这样啊！原来是这样。我想，这就是路标显现之后，这就是正在做自己认为伟大的事情时，内心涌现的真实体验吧！

开课那一天，我心跳加速，手脚微微发抖，无法分辨是紧张还是兴奋，强装镇定，第一次站上讲台讲人类图。凡事起头难，但是只要开始了，也就不难了。站上讲台的那一瞬间，就像打开了一扇全然不同的门，为我自己也为周遭的人开启了一个与以往全然不同、奇妙的世界。

荐骨是对的，我已经准备好了，超越脑袋所能想象的，一切就是那么自然而然地，再也停不下来了。

第十三章 梦中的教室

"所有的焦虑与不安都只是脑袋制造出来的混乱，相信生命自有其节奏，相信一切真的都会很顺利，相信正确的事情将自然出现。当你准备好了，该发生的就会发生，如果还没发生，那是正确的时机还没到来，而你，只要做好该做的事情就好了。"

是的，做好该做的事情。

传递新的想法，你要多说几次。

第一次，众人笑你傻。第二次，没人懂得你。第三次，或许有人愿意听一下。第四次，反复让人熟悉，令其逐渐放下排斥的心。第五次，开始有人愿意相信。第六次，有机会证明可行。第七次、第八次、第九次、第十次，流行，普及，或许有一天将成为约定俗成、既定的道理。我们笨拙地进化着，不断地说服别人也被别人说服着，总是要提醒自己，要有耐心。

顺利完成第一班人类图初级课程之后，接下来要面对的挑战，就是要去哪里找到第二班、第三班的学员以及接下来更多班的学员。拓荒的道路总是孤独的，当时常常觉得自己像个孤岛一样，尤其当全世界几乎没人知道，你究竟在讲些什么天外飞来一笔的外星话。研究人类图是快乐的，为人做个案也是快乐的，但是如何招生，如何号召更多人一起来学习人类图，一开始的确让我伤透脑筋。

为了让更多人知道人类图究竟是什么，我做了很多尝试。比如说，除了原本的个人解读咨询，我开始认真研究新课程，不断思考如何能以专题工作坊的方式，让人类图变得更实用，希望缩短人类图与大众的距离；同时，我也陆陆续续举办一连串开放给大众的免费讲座，努力尝试以各种不同的角度切入，以更浅显易懂的方式，让大家知道人类图的

第十三章　梦中的教室

概念。

研究人类图与推广人类图，是两种完全不一样的任务，面对的难题截然不同。

研究时的困难在于如何抽丝剥茧，了解知识层面的复杂度，整理并体验它；推广时的困难在于如何将所理解的知识巧妙转化，以简单又易懂的方式再度传递出来，吸引完全不了解人类图的人能够愿意推开这扇神奇的大门，进入人类图博大精深的世界。

由于没有前人的经验可依循，我也不免感觉到慌张。一开始开课那段时间，我习惯对自己喊话。每次要开课前，就会担心没人报名，紧张兮兮，患得患失，然后再笑笑跟自己说，没关系啦，反正你就是个怪胎异类，没有人知道你在干吗也是正常的，就算到时候每班只有两三只小猫，也不要泄气啦，不继续走下去，谁知道会怎么样呢？

有一晚，我做了一个梦。

我梦见一个好大好大的教室，像以前我在新西兰念大学时的那种阶梯教室，好漂亮的木头椅子，前面是讲台，其余三面都是大窗户，可以看见窗户外头的树木，绿意盎然。更稀奇的是，这间可以容纳一百多人的大教室，竟然都坐满了学生，大家都好开心呀。大家正在鼓掌，因为我要开始上台讲课了！

在梦中，我对着空气大叫：怎么可能会有这么多人啦？怎么可能会有？而且有没有搞错，这是阶梯教室耶，这么大，这种教室只有在大学里才会有耶，我可能站在这里吗？会有这么多人要来听我讲课吗？你们是不是搞错了啊？

然后，我就醒了。

当时每班招生的人数总是好少，我是那么焦虑。当时那个梦，就像是从遥远的宇宙深处，带给我一个梦幻般、无法想象的幸福，宛如一个安慰，让我想起的时候，嘴角会有微笑，心上会有暖意，只是自己根本无法相信会有成真的那一天。我一直记得这个梦，算是宇宙给我的一个非常美好的祝福吧，我忘也忘不了。

有一回除夕夜，我边守岁边与人在美国的铃达老师连在线课。到最后，她问大家："有没有什么问题呢？"当时，为了招生的事情而感到焦虑的我，忍不住问她："老师，你有没有曾经感到恐惧？怀疑究竟有没有人会来上人类图课程啊？"计算机连线的那头，传来铃达老师好熟悉的笑声。

"当然有啊，我完全记得十年前在我一开始在美国教人类图的时候，我有多紧张焦虑，充满怀疑……"她说，"我完全明白你现在的心情。"

"你只能信任……"

第十三章 梦中的教室

"信任？"

"是。信任，信任这本来就是你此生该做的事情，信任你原本就是要成为一位老师。当你忠于自己，走在属于你的轨道上时，那么，对的人会在对的时机点，与你相遇，成为你的学生。"

当她这样说的时候，我突然眼眶一阵湿热，铃达老师慈祥的声音，从地球的另一端，宛如暖流传送到我的心里。

"所有的焦虑与不安都只是脑袋制造出来的混乱，信任生命自有其节奏，信任一切真的都会很顺利，信任正确的事情将自然出现。当你准备好了，该发生的就会发生，如果还没发生，那是正确的时机还没到来，而你，只要做好该做的事情就好了。"

是的，做好该做的事情。

我还是继续努力地，写文章，开讲座，做个案，不管自己有多焦虑，尽可能维持自己心智上的纪律，与其过度恐慌，还不如如履薄冰般，做好每一件我想得到的事情。虽然神经总是好紧绷，很神奇的，一切总是超越想象般顺利。不管人数多少，每班同学来自四面八方，每一次都是神奇的相遇，我们也相互激荡出精彩的火花。每一个人，都像是一颗美好的种子，人类图影响了他们的生命，他们也影响了周围的朋友，默默介绍了更多人走进人类图的教室里。而每班的人数就这样缓慢而稳定地增长着，像株植物自成节奏地生长着，随着时日过去，愈发生气盎然。

时间过得很快，我一边授课，带领更多人进入人类图的世界，一边继续与国外学院连在线课，取得更进阶的授课老师资格。随着学生的人数愈来愈多，人类图的课程也愈来愈多元。在我进入开课的第三年，我回顾摸索开课的这几年，这整个拓展的过程，其实也完美地反映出我的人类图设计，而我也更深刻地体会了铃达老师所说的所谓"信任"的道理。

在人类图的体系里，有一个非常重要的部分，代表的是每个人与外在建立连接与交流的方式——Profile（人生角色）。人类图的体系细分成为许多不同的部分，四大类型决定各自不同的人生策略，六十四个闸门决定一个人的特质，三十六条通道讲述的是三十六种不同的天赋才华，九大能量中心定义你的本性，以及后天开放接受外在影响与制约的程度，轮回交叉代表的是当一个人活出自己的本质时，与生俱来的人生使命。那么，"人生角色"是什么呢？

"人生角色"独立于这一切之外，在这个层面诉说的是，一个人与外在建立连接的方式。

什么意思？你要了解，自每一个生命诞生到这个世界的那一刻开始，就是一连串向外扩张的过程，人无法孤绝于一切而存在，我们相互以各种不同的形式，在有形与无形之中紧密连接着，彼此支持，相守也相连。想想看，襁褓中的婴孩不能言语，无法自理，一生下来即有父母照料，以血脉形成连接。接着，当孩子开始长大，与家族、学校同侪交流，渐渐成熟为成年人，人际网络开始向外扩张，以各种不同的形态，与这个社会，还有这个世界建立连接，以不同的方式互动，共享共生，共荣共存。人类图里的十二种人生角色，正代表着，每一个生命向外舒展开来时所擅长的行为与模式。

简短来说，有的人生角色必须自碰撞中学习，在尝试错误中成长，他们的韧性与弹性惊人，可以愈挫愈勇，在碰撞中摸索出一条可行之道。

人类图范例 6

类型	人生角色	定义
生产者	1/4	一分人
内在权威	策略	非自己主题
荐骨中心	等待，回应	挫败
轮回交叉		
Right Angle Cross of Sphinx (1/2 | 7/13)		

回到你的内在权威

有的人生角色擅长建立人脉，他们很容易与人为善，自然而然就能成为大家的好朋友，对于五湖四海都是好朋友的他们来说，人际网络就是他们与这世界串联的最有效的方式。

有的人生角色擅长影响陌生人，为众人提供解决方案，务实而值得仰赖。

有的人生角色永远维持客观而抽离；有的生来会是某个领域的天才；有的充满反叛精神，要以颠覆来翻转既定而僵化的一切，重新建设。

人生角色这一栏看似简单，其实里头的学问很深，同时也涵盖了各种实际运用的可能性。不同的人生角色，其处世风格、与人连接的方式浑然不同。当一个人回到内在权威与策略来做决定，就会自然而然发现自己正不费力地，以最适合自己人生角色的方式，与外在的世界建立正向而紧密的连接。

举例，我的人生角色是1/4。这样的人生角色，很容易在最短的时间内，成为大家的好朋友。而我喜欢以研究、内省与深入探究知识的方式，与周围的好朋友分享，建立社群，以网络的方式向外扩张。而适合的机会点，必定会以朋友为基础，向外扩展，借由分享，以朋友形成网络，自然而然由朋友介绍更多朋友，共同分享着某些专业领域的知识。

第十三章 梦中的教室

这也巧妙印证了，在我一开始开课的时候，走进教室里的，绝大部分都是我的朋友，或者是朋友的朋友，而日后脸书盛行，亚洲人类图学院的扩展，也拜社群机制盛行所赐，由认识的朋友串联起原本不认识的朋友，一起分享我所学习或体会的一切，对我的人生角色来说，这就是最自然的拓展方式。

而适用于1/4人生角色的方式，不见得适用于其他人生角色的人。比如说，如果是人生角色3/5的人，他们会多方涉猎，不断在尝试错误中学习，最后以旧瓶装新酒的方式，重新整合所学，为世人提供务实的解决方案。他们不见得擅长成为别人的朋友，但这无损于他们与外在建立连接。十二种人生角色，各有其适合的模式，与环境形成交流。

《牧羊少年奇幻之旅》这本书上说，当你真心渴望追求某种事物时，整个宇宙都会联合起来帮你完成。我想，人类图可以为这一句话做补充：当你真心渴求，整个宇宙会以你的人生角色所适用的方式，缜密而精细地串联你需要的人脉与资源，与你一起来完成。

这也就是为什么，在这一路上，要感谢的朋友实在太多了，我的朋友带来了更多的朋友，还有朋友的朋友，这个人类图在地化的社群，集结了众多热爱人类图，也热爱生命的好朋友。

曾经有朋友问我的商业模式是什么，我无法讲出一个确定的答案。每次上课的时候，我总是貌似轻松，讲讲笑话，像是脱口秀一般容易，我很少提到过去这八年多来，我是如何认真地，又是花多少心血，默默研究与搞懂人类图这门学问。这门学问本身有逻辑，但知识并不太有趣，加上文化的差异，来自国外的支持其实微乎其微，要扎根，要在地化，有很大的鸿沟要跨越。

回头再看，这不就反映出我的人生角色必经的路途吗？以学问与更多的朋友交流，逐渐汇集动能，成为一股带来新思维、不可忽略的力量。

故事进展至此，开课迈入第四年。我们曾经租用过不同的场地与教室，有一回，原本使用的场地要挪作他用，我们又再度找寻新教室。感谢好几位朋友的帮忙，终于找到好几个可用的场地，行程也都符合，我正松了口气，想要打道回府时，Alex老师说，有某大学的场地，他在网络上看过不错，既然都出门了，要不要顺道去看看。

"嗯。"我的荐骨回应了。

那是一个非常美丽的大学校园，管理员阿伯开门让我们看了四五间教室，都很好，但是桌椅不适用，我告诉管理员阿伯，我想要长桌耶，因为我的学生们要把资料摊开，大学椅不方便啦。管理员阿伯皱着眉头说，要长桌是有，但是那个教室很大耶,你们要看吗?

我说,哎呀,反正都来了,当然看呀!

于是,管理员带着我们绕过了荷花池(是的,我跟你说了,那是一个好美丽的校园呀),不远处可以看见一片树林,充满绿荫,我们走进了一所会馆,他用钥匙打开了那一扇大门,把灯打开……当当当当当……

你猜到了吗?

对,就是好几年前在我开始教课时出现在梦中的那个教室。就是它,我简直不敢相信自己的眼睛,那一瞬间,我全身起了鸡皮疙瘩,然后,眼眶开始发热泛泪,一句话都说不出来。

我仿佛听见这间教室微笑着对我说,你来了,你终于来啦。

这实在太困窘了,如果管理员阿伯看到我在哭,应该会以为我是神经病吧。我只好快步走到教室的角落边缘,假装看窗外,内心再次默默确认着,对,窗框没错,对,看出去的景色也没错,椅子就是这样的。对,这真的就是,我梦中的那个阶梯教室呀!(掉泪)

然后,就像是老天爷不放心又要跟我确保似的,场地的价格,竟然奇迹般也是当时的我可以负担得起的。接下来,只要确保下星期的档期可以就行了。所以很快地,我们应该在不久之后，就可以在这里办活动或开课了。

跟管理员阿伯说谢谢之后，我们站在会馆外头，天气热死了，我就站在那里，一个人忍不住崩溃大哭起来，一直哭一直哭一直哭，哭得整脸都是汗、鼻涕和眼泪。我说，你们知道这就是我梦中的教室吗？就是它呀！Alex老师知道了，他虽然惊讶，但他静静地站在旁边笑着，静静地看我哭得如此狼狈。

为什么哭呀？应该开心呀？是呀，走到这一步，其实这个教室一直等着我，不是吗？是的，我是被看顾着，被守护着，我其实从没有多大的野心要班班满员，我只是很单纯地，想要推广人类图，我只是想要有更多人，有机会可以用一个全新的方式，来认识自己，认识别人，认识这个世界。

不会没有用的，我跟自己说。不会没有用的，就算看起来徒劳无功，就算得继续努力下去，我只要做我认为该做的事情，就会有很多人来帮我的。没有谁是不够好的，也不会做了一大堆事而根本没有用，这就是过程，只要继续一步一步走下去，不走，谁知道最后会什么样呢？

一步一步向外扩展，向外舒展，以你渴望的方式。

然后啊，宇宙必会温柔地回应你，每一步，每一个阶段，准备好自己，路标将显现，这是一条奇妙的道路，而我们走在路上，每一天。

第十三章　梦中的教室

第十四章 飞越千万里,合而为一

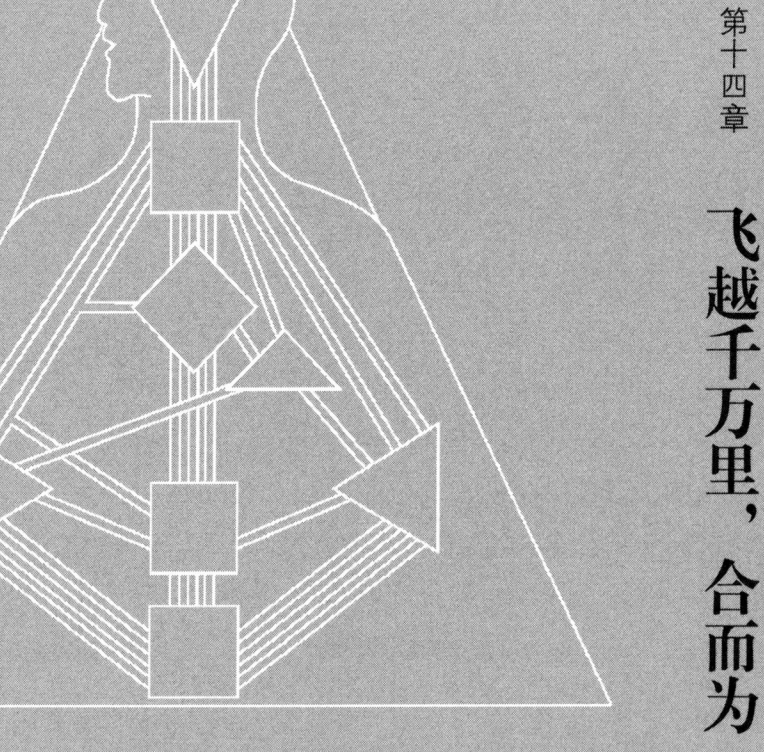

若此生能够臣服于一个更高的信念与原则,远远高于自身生命的价值,那是幸运的。

西班牙，伊维萨小岛。

饭店房间的落地窗前，"哗"的一声打开窗帘，这个位于西班牙的小岛，除了拥有地中海耀眼的蔚蓝，还有一种独特的天光，净白而透亮。漫天的海鸟尽情飞翔叫唤，诸多帆船静静摇晃，停驻在这平静的海湾，共海天一色，波光齐荡漾。

"祖师爷，我来了。"我在心底默默呼喊着。

西班牙的伊维萨小岛，是人类图体系（Human Design System）的创始人拉·乌卢·胡（Ra Uru Hu）生前居住的地方，这里也是人类图的起源地。在祖师爷去世之后，二〇一二年四月是人类图创立的二十五周年，大家决定在伊维萨举办一场人类图年会，全世界各国的分析师与老师将齐聚一堂，这也是第一次，祖师爷Ra缺席的人类图年会。

我们夫妻俩从亚洲往欧洲飞奔，从中国台北飞往西班牙，在马德里待一晚，不知道是因为时差关系还是心情太过亢奋，几近一夜不能成眠。飞越千万里，等待最后一段飞行，搭乘小飞机前往伊维萨，我静静地坐在马德里机场的候机室，喝着浓烈的咖啡，外面是灿烂的暖阳，心情很复杂。

这机场，这候机室，这条通关的走道，祖师爷应该来来回回往返过无数次。或许就在这排的某个座位上，他曾经坐在那里，稍事休息，等待着下一次飞行。在过去的二十五年里，为了推广人类图，祖师爷自伊维萨小岛飞往欧美各国，德国、奥地利、意大利、希腊、英国、法国、美国、加拿大，他不止一次提过自己其实很讨厌飞行，却明白这是使命，于是不断为推广人类图而努力。他曾经说过，二十四年前只有他独自站在西班牙的橄榄树下，而如今人类图社群遍及全球。有时候，你得有耐心，好好等待，做足自己该做的功课，让渴望成为一股更大的力量，就像种子发芽长成大树，绿荫密布，成为它该有的模样。

我站在这里，望着不同种族、不同国籍的人们来来往往，各自有各自的旅程，各自有各自的归途，看似彼此贴近，却各自有其轨道，错身之后又是咫尺天涯。西班牙，十年前我来过一次，那是一段年轻岁月中自我放逐的旅程，有趣的是，当时的我完全不知道人类图，也不知道此生究竟要追寻的意义会是什么。十年后归来，西班牙艳丽依旧，是缘分所至，而我也找到心中想望的依归。

若此生能够臣服于一个更高的信念与原则，远远高于自身生命的价值，那是幸运的。

这是一段非常个人的历程，看似虚无缥缈，却在灵魂的层次有着不可动摇的力量，足以巧妙而正确地牵引起人与人的相遇与相合，看似不可能，就此实现而成为可能。

"生命很神奇，去经历它。即使你以为自己是孤单的，没关系，还是去经历它，去探索看看，这会是一段多么无法被预期的人生……"耳边再度响起当时祖师爷对我说过的话，思绪翻飞，百转千回。小飞机降落了，我站在这个小小的岛上，真是好一个绿意盎然的岛呀。"嘿，祖师爷，我来了我来了我来了我来了。"我在心里大声呼喊着，"我想，你一定听得到。这里是起点也是终点，生命的长度或许有限，但我宁愿相信灵魂永远存在，谢谢你，带来人类图，改变了这么多人的命运。"

对我而言，从认识人类图的那一天开始，每一步，不管当时的我是否愿意相信，快乐与狂喜，迟疑与悲伤，全部都因祖师爷的教导而存在。生命宛如河流，我时而抗拒，时而臣服，载浮载沉，顺流而行。若这世界上真有更高的神存在，那么他们必定一边摇头一边微笑着，苦心引导着天生反骨、恣意妄为的我一路走来。一直到现在，我终于走到这里，站在这片地中海的天光下，没有意外。

这是人类图第二十五周年的年会，地点在海边一座纯白色的度假饭店。我拖着行李，沿着伊维萨小岛的美丽海边快步走着，内心雀跃又感伤。雀跃的是，这可是人类图的年

第十四章　飞越千万里，合而为一

度盛会，即将见到来自全球的人类图老师们，让人觉得好兴奋；感伤的是，就算景物依旧，对我们全部的人而言，那位最重要的老师早已神隐，斯人已逝，不复返。

这座饭店的规模不算小，数栋美丽而简洁的建筑，除了有宽敞的房间可供居住，还有一整栋专为研讨会所准备的楼房，足以容纳上百人。这一次年会的设计很有趣，从开幕到结束为期一周，除了第一天的开幕式，每天在各个时段都有不同的课程与专题，由来自各国的老师主讲，有兴趣的人可以自由选修，每晚还有免费的演讲与表演，大家其乐融融，齐聚一堂，相互交流。

开幕前，我终于见到铃达老师本人，她很轻易地认出我来，因为在场黑头发的亚洲人屈指可数。她笑脸盈盈，走到我的面前来："Joyce，是你吧，我知道我不会认错的。"她给我一个大大的拥抱，这拥抱如此温暖而真实，那一刻，我忍不住失声大哭起来，老师的眼眶也开始红了，她拍拍我说："哎呀，我的眼泪也要滴下来了，我们终于见面了。"

"铃达，谢谢你。"在她面前，我兀自哭泣着。

这么多年的往事涌上心头，那些暗无天日、没完没了念书的日子，在人类图知识的海洋里，她是主要教导我的老师，我们上课的时段总会在亚洲时间的午夜。她教，我学，一路陪伴，从遥远世界的另一端，传来她说话的声音，我们从未相见，却感觉在灵魂的层面已经熟识许久。是的，我们终于见面了，面对面，真真实实碰触到彼此的存在，不需要讲话，却像已经诉尽心意，是无法言喻的激动，充满感谢。

第二十五周年，人类图国际年会，开幕典礼即将开始。

在这不算小的会议室里，一排又一排，坐满了来自世界各国的人类图狂热爱好者们。我们坐下之后，前方讲台上一字排开，坐着各国人类图官方分部负责人，以及国际人类图学院的诸多资深老师们。老师们的气场与架势惊人，我真有恍如置身现实版霍格华兹学院的感受。一阵热烈鼓掌后，瑞迪老师怡然自得地站了起来，我内心默默惊叹，他真是好高啊，他身高大约有两米，我之前只在视频网站上看过他的演讲，他是我心仪已久的人类图大师，我曾经私函给他数次，表示想向他学习，他总是用玩笑带过，说未来会有机会的。这位风趣的老先生既是祖师爷的学生，又是他长年来最好的朋友，今天我终于见到本尊了，像是小粉丝见到偶像，我真是太开心了。这一回，就由他来为众人开场。（以下是瑞迪老师演讲的简短摘录）

"我是Randy Jr. Richmond，我是一个人类图分析师。欢迎你们每一个人，来到人类图第二十五周年年会。事实上非常非常令人难过的是，这是第一次Ra没来，至少在形体上不在，虽说精神上我总觉得他并没有离开，我几乎可以听

第十四章　飞越千万里，合而为一

见他在我耳边唠叨碎念，一如以往。我还记得当初大家一起筹划这场年会的时候，他还耳提面命告诉我，你到时候要来。我说，好啦，我会去，结果你看看，现在没来的人是谁呀。"这位老先生实在太爱耍宝了，三言两语就逗得大家哄堂大笑。

"Ra如果知道现在由我来开场，是我站在大家前面讲话，他一定会觉得太好笑了，因为以前每次我讲课的时候，他总是会递小纸条上来，要我闭嘴听听大家的问题，不要一个人讲个没完。但是现在呀，他就拿我没办法了吧。哈哈哈。还好他没来啦，因为他对这种年会之类的聚会有着又爱又恨的情结，他总是假装自己不喜欢人，他又不是那种天性温暖亲切的人，如果他在，他一定觉得整群人聚在一起真是烦死了，但是其实，整个人类图社群在他心中，就像是一个大家族一样。"他又再度逗得大家笑声连连。

"他说他不喜欢人，但是过去这二十五年来，他一直在工作工作工作工作，不断地工作。他并不是一个生产者，像我自己是个投射者，如果有人把这门知识给了我，我想我会看着这堆积如山的学问想着，自己知道就好了，要整理出来还要推广给这世界上其他人知道，这是多么麻烦又庞大的工作量啊。但是我想，这就是他的使命，要把这门知识传递出来，让更多人因此而了解自己，懂得自己，爱自己，尊重自己的独特性。

"常常有人问我，人类图到底是什么？是像占星一样的东西吗？我通常都会大声回答，没错，就像是占星一样，但是差别是，一个是高尔夫球场的小车，另一个则是一辆高科技、马力十足的跑车，都一样会跑，但是功能截然不同。还有其中最根本的差别是，占星学从古至今，其中累积了许多人的研究与智慧，而人类图，源头只来自一个人——Ra。我常常在想，这个男人的工作量也未免太大了，每一个人生角色，每一个轮回交叉，每一种精密而仔细的区分，都由他，在脑中规划出来，然后整理成架构，让我们得以知晓冥冥中有其道理，来自更高的力量，窥见这宛如神所创立的秩序。

"我向他学习人类图，我一路看着这个人，他的授课流畅无比，像是知识透过他，自然而然地流泻出来，然后他休息，休息够了，再继续。我记得有回我陪着他一起去开课，明明课程是隔天早上十点钟，可他告诉我，明天早上我们八点就要出发。我惊讶地看着他，我说那么早去干吗？他回答，因为人们会早到，因为他们有问题要问。"瑞迪老师边说边微笑，眼神似乎看着远方，宛如祖师爷的音容笑貌就在眼前。

第十四章 飞越千万里，合而为一

"人们总有问题要问,而我们都知道,他会有答案。

"我还记得我第一次知道人类图,是因为玛丽安(MaryAnn Winiger)说要替我解读人类图,对于我这个怕麻烦又爱挑毛病的人,我只希望她少来烦我,但是她还是充满热忱拿着那张人类图,专程跑到我家里,当时的她根本还是刚入门的菜鸟,也还不是人类图分析师,有太多她当时也根本搞不懂的地方,所以从头到尾我不断问她,那这个呢?那个呢?这又是什么意思呢?我可以找出当时她解读的录音档给大家听,从头到尾就是她大声惊呼,我不知道,我不知道,我还不知道耶。

"这可让我好奇了,我更想知道了,所以我打电话找到Ra,当然很贵,我记得是在一九九八年那一年,我花了三百五十块美金,让Ra解读了我的人类图,我也跑去上课,我以为,只要稍作研究,就可以找到其中的瑕疵与问题,然后我就可以说,啊哈,这不准啦,但是也就是从那时候开始,我不断研究人类图至今。我常常跟Ra插科打诨开玩笑,我不知道他到底有没有放心上。但是,每一次,只要有机会,我总会认真告诉他,谢谢你,Ra,谢谢你带来了人类图,这个让我一辈子都可以反复思考、反复研究的东西,而这就是一段过程,一段持续进化的过程。这个人尽毕生之力,花了整整二十五年的时间,建立了整个人类图体系，把这门奇妙的知识有系统、有架构地传递给我们，传递到这个世界上来。这是Ra非常不得了的成就，就他一个人，他其实做了一件非常非常伟大的事。

"最近，大家常常担心外头有些人自行打着人类图的旗帜，宣称自己可以解读或授课，却没有具备人类图体系认证出来的相关资格。我认为，这些烦恼是不必要的，因为至少他们会谈论人类图，他们会秀出某些人类图的图表，他们会有机会碰触到更多的人，然后，会有更多的人就像当年的我一样，拿着这张图不断问他们，那这个呢？那个呢？还有这些又是什么意思呢？相信我，真正想获得正确知识的人，一定会循着某些路径，找到专业的人类图分析师，找到真正的人类图体系，那就是你跟我，是我们。

"我要对Ra，还有过去这二十五年的人类图体系致上敬意，这次年会原本并不是要来纪念Ra，现在只好献给他，因为他人已经不在了。"

就在此时，不知是谁的手机声大响，有人大笑高喊，Ra打电话来了！幽默的瑞迪老师听了大笑，他挥挥手说："跟他说不要打来啦，我已经讲完我要讲的了，还有跟他说，我也把他留下的烟都抽完了。哈哈哈。"

这段谈话，看似轻松，却蕴藏了对生命的豁达，除了生死,他还提及了全球的人类图社群,正面临某些野心人士所造成的不可避免的纷乱与争夺。

在祖师爷去世的前几年,外头开始有某些祖师爷早期的弟子,打着人类图的旗帜,没有经过官方正式授权,自行出书(内容可疑),自行授课(架构与内容可疑),他们没有经过正统体系的训练,就自行传播一些似是而非、所谓人类图的知识,这样的举动,给全球的人类图社群,带来震撼,也造成伤害。

祖师爷在世的时候,面对这些剽窃者他也曾勃然大怒,最后他选择专注地、将气力放在推广与经营正统的人类图体系上面,而没有将精神浪费在诉讼这些人身上,更未随之起舞。他认为来日方长,事实不言自明。只是谁也没想到,他老人家会一夕之间突然去世,全球的人类图社群,瞬间失去原本仰望的精神领袖,又失落又悲伤。瑞迪老师进一步提醒大家,不要忘记自己的专业训练。回头再看,祖师爷在有生之年,早已将整体培养人类图专业分析师与讲师的制度完成,留下的资深老师们,也足以将他生前所致力的人类图体系,正确而完整地传承下去。

我坐在那间大大的会议室里,四周是散居在世界各国常常在线一起上课的老师与同学,虽说是第一次真正与他们面对面，相认时，彼此忍不住开心尖叫，大家在精神上早已相识，真是好奇妙的感觉呀。相聚的感觉真的很温暖，同时我们也知道：祖师爷的工作已经做完，接下来，是我们，要把薪火传承下去了。

接下来的那一周，美好而难忘。

每一天起床，醒在西班牙的晨曦下，一整天都兴致高昂，与专攻人类图不同领域的老师们一起学习，晚上有不同的研究主题演讲，最后总会筋疲力尽又心满意足地，在星空下安然入眠。

来自德国的彼得老师，带领大家在流年与流日的领域里徜徉，深入解读每一天星星为我们所带来的影响。尤其当生命进展至前后两难的困局时，学习如何以更超然的角度去解读来自星星的讯息，才能从中获得了悟与力量。

而奥地利来的安达亚老师是基因学的博士，她是一名认真负责的科学家，她负责带领我们深入人类图原本爻的领域，更进一步细分至颜色、基底与调性的层次，研究人类图如何与基因学的角度相对应。她完整地示范了，若深入研究人类图至这样的范畴，就能清楚区分出每个人各自适合的饮食与运动模式、我们接收信息的角度与模式，以及环境因素为每个人所带来的影响。

意大利的妮尚老师是一位反映者，留着一头俏丽金发的她，宛如月光一般清澈，她教授的是一堂情绪动力的课程，包括如何去细腻地感受情绪波动，进而区分什么是来自别人、什么又是源于自己内在的情绪波动，如何与情绪共存而不抹杀它，在这一堂课中有许多动人的分享。

法国的苏希老师是人类图职场领域的权威，她讲授的是与企业动力相关的人类图课程，职场不只是个修炼场，更在能量场上带来强而有力的制约，这部分的人类图研究说明了，在一个人进入职场时，如何知己知彼，懂得在不同的工作领域中，充分发挥自己的才华。

英国的李察老师主要研究的是与教养有关的课题，他仔细区分了如何透过人类图，以最适宜的方式，来对待不同类型的孩子。没有高调，只有各种各样非常务实的做法，若能给孩子从小提供最适合生长的教养环境，父母不但可以更省力，还能让下一代活得更健康也更快乐。

奥地利的马丁老师，则针对不同的人类图设计，简短解释了不同的通道与闸门，其所对应的器官，是如何影响每个人的健康状态，同时他也解释了身心灵是如何息息相关，而疾病其实是身体最好的朋友，你的疾病可以告诉你，如何调整自己的生活态度，生病不是结束，而是重新真正生活的开始。

美国的吉诺瓦老师，告诉我们如何深知自己的人类图设计，如何激励自己，维持内在的动力，才能置身混乱的外在世界里，不忘回归自己的中心点。

西班牙的欧克老师，带领我们看见不同的轮回交叉如何相互铺陈，宛如神变化不同的面貌，其中隐含着宇宙神圣的秩序。

每位授课老师，长年追随着祖师爷不断研究人类图，在人类图的世界里，他们至少具备二十年左右的资历，就像安达亚老师在上课时提到，会在人类图的领域里研究不休的人，几乎在他们的人类图设计中，皆具备了28-38这条通道：看似困顿挣扎，其实能为有意义的事物而奋战，内心真正会有不虚此生的感觉。在每位老师身上，我体验到他们对自己所做的事情的真心喜爱，还有他们勤勉研究的精神。他们可以针对某个特定的主题，不断深入研讨，他们充满使命感，为一个更高的理想坚持着。

除了在知识上大获启发，还有几件让我印象非常深刻的事情。有一晚，来自英国的老丹先生讲述关于投射者的主题，来自世界各国总部的负责人都坐在台上，与大家对谈与交流。大家聊着聊着，老丹先生突然有感而发，对我们说：

"今年我们大家可以这样聚在一起，真是太好了。尤其今年看到Joyce与Alex的加入，长久以来缺了亚洲的那一截，现在讲中文的那一块可以接起来了，而人类图就此成为一个完整的圆。"

第十四章 飞越千万里，合而为一

我微笑地看着他，看着大家，这是一个相互支持与滋养的全球社群，走了这么这么远，穿越时间与空间的距离，我内心有种终于回到家的莫名感动。

在这趟旅程即将结束的前一天，我与铃达老师告别。

"谢谢你，铃达，这一周实在太棒太棒了。我尤其要谢谢你，如果不是在过往这几年，透过你的带领与训练，建立我对人类图体系的了解，我这一周不可能会有这么多体会，这么多的收获。"

听我说完，她微笑着，紧紧握住我的手，她说："这几天，我常常默默望着你每天充满精神，快乐地走进不同的教室。我忍不住想着，走到现在你已经完全准备好了，可以学习更多进阶的人类图知识了，我真的非常以你为荣，孩子，做得好。

"身为你的老师，我忍不住想问你，你有没有想过自己可以承接更大的任务，比如说，接下人类图中文分部的任务呢？"

"啊？"对于这不预期出现的问题，我的荐骨不由自主发出惊讶的声音。

"你没想到我会这样问你吧？"她总是这么敏感而善解人意，"这次与你见面之后，我更确定原本的感受，你是最适合的人选。如果是你，就是你，我想祖师爷一定会很开心。"她笑了。

"回到你的内在权威与策略，你会知道该怎么做的。"

我点点头，难掩内心激动，紧紧拥抱了她，就此告别。

故事讲到这里，应该可以像电影看到最后，屏幕上打上剧终两个字，就此说完了，画下了句点，只是呀，人生这段旅程，哪里有什么真正的句点呢。

西班牙之行，像是我人生中某段章节的句点，小巧地，我在内心画了一个圆圈，不一定是实质上做些什么或讲些什么，而像是在内心里，一个私有而简单的仪式。那些过往对自我的质疑，四处蔓生的无谓执拗，以及自己诸多为难的抗拒与挣扎，似乎莫名地，和解了，也平息了。这代表的是，我投降了，或者说，我臣服了，我明白也接受了。

这是我与祖师爷的缘分，也是我与人类图的缘分。

从西班牙回来之后不久，我们正式成为人类图官方组织的一员。"亚洲人类图学院"正式升格成为人类图在中文地区的正式分部。从此之后，在中国台湾、香港、内地推广人类图，同时将整门知识中文化，就成为我们最重要的职责与任务。

多年前，宇宙温柔回应了我的渴望，有一扇门因此为我打开了，懵懵懂懂的我上了路，好奇也好强地，继续向前走，然后没料到，这一路上神奇的风景，远远超乎我所想

第十四章 飞越千万里，合而为一

象。既然如此,何不一如以往,带着平和与喜悦,回应我所回应的,以我的步调、我的节奏,接下传承的一棒,继续走下去呢?

回到我的内在权威与策略,我总会知道该怎么做的。

第十五章 娑婆世界的奇幻旅程

生命并不是一道习题,人类图无法提供你答案,事实上也无人可以,唯有你真实回到每一刻,回到自己的内在权威与策略去做决定,好好体会这段过程中的点滴,真实地去生活。不管顺境逆境,都完整而圆满地去体会自己,体验这趟生命的旅程,并谦卑地从中学习。

半夜，按下闹钟，起床，开始与国外连在线课。

这是学习人类图至今到第九年的我，每周至少还是会有两个夜晚要做的事。"你不是早就念完分析师的课程了吗？"我的朋友知道了总是很惊讶，"为什么还要这样半夜拼时差继续上什么课啊？"

"继续上人类图的课啊。"我总是笑着回答，就算成为分析师，成为官方分部负责人，继续与国际人类图学校（IHDS）连在线课，还是必要的。原因有几个，其一我希望把七阶段课程的讲师认证全部拿齐全（目前正进行到第四阶段），有朝一日让已经成为官方中文分部的"亚洲人类图学院"将所有课程中文化，培养出更多人类图分析师与讲师。另一个理由则是祖师爷所留下的人类图知识实在太浩瀚，原本以为念完分析师即功成圆满，却没想到，这只是打好基础而已，后头还有好多更有趣的课程，让人忍不住一直研究下去，没完没了，乐而忘返。

而这也是祖师爷生前希望我们身为分析师做的事，他非常鼓励大家继续学习，鼓励更多分析师、老师与学生们，都能够针对自己喜爱的领域，投入时间与精神做更多延伸性的研究。所以当我成为分析师之后，我还陆续选修了关于轮回交叉的研究课程、教养孩子的应用课程、情绪与忧郁的工作坊，等等。

第十五章　娑婆世界的奇幻旅程

而最近，我正致力于拿下为期两年、人类图"区分的科学"学位（Differentiation Degree Program），这包含了人类图心理学以及健康体系的相关研究，教这门课的老师是奥地利的安达亚博士，在进入人类图的世界之前，她是一位专门研究基因的科学家。我非常喜欢她的授课方式，仔细、务实又严谨。她长年跟随祖师爷学习，将老人家留下的资料，整合成两年的课程。简单来说，这是以人类图的角度，深入探索人类的心理状态以及行为呈现，同时对于每个人适合的饮食、生活环境，看待世界的观点与运动方式，也有更翔实的研究、解释与建议。希望学业完成之后，可以给大家提供更完整的人类图解读项目，让更多人可以为此而获益。

人类图有一种难以言喻的魅力，我并不是唯一的人类图重度上瘾者。有很多人像我一样，一旦开始接触这门奇妙的学问，总是忍不住想知道更多。在人类图分析师的社群中，许多人类图分析师在拿到认证资格之后，纷纷会开始选择自己喜爱的延伸领域，做更深入的学习与研究。像是我的另一半Alex老师，他于职场的工作经验完整而丰富，接触到人类图之后，对于祖师爷针对职场所设计的BG5（Base Group of Five）体系更产生浓厚的兴趣。BG5是人类图体系中，实际运用至工作领域的学问，针对每个人的人类图设计，对每个人的职业生涯发展提出务实而中肯的建议；同时，这套学问也可以针对团队成员的组合，协助大家找到最适合的工作模式。除了分析师的认证，他后来也拿到了BG5职场研究的分析师资格。

学海无涯，这一路上走来，我总是会接到许多关于人类图的各式各样的询问。其中我最常被问到的问题就是：我该怎么运用人类图呢？我要怎么活出自己呢？我要如何善用我的通道？我该如何使用我所拥有的天赋才华呢？

其实答案很简单，从头到尾也都一样：
"请回到你的内在权威与策略。"

人类图的知识非常有趣，当然我们也需要这些知识，像是终于有人告诉我们人、事、物运作的缘由，解开我们在脑袋里想不通的死结。人类图是一张图，让我们按图索骥去理解，理解之后，地图非疆域，重点是回到自己的内在权威与策略，做出正确的决定。

每一个人经由不同的途径看见真正的自己，从知道自己的人类图设计开始，你已经踏上这一条自我接纳的道路。脑袋理性的分析是无用的，唯一的方法就是去体验这一切，体验回到自己的内在权威与策略之后，那会是什么样的人生。以下就让我说明这蜕变过程中的每一个阶段，以及简短回顾发生在我生命中美好的事。

这一段七年去制约的旅程，就从你首次接触人类图时正式开始,若开始清晰观照自己,事情就会开始转变,而如果将这段过程分成七个阶段,通常第一阶段是"点亮你心中的火花",意思就是,你开始明白,原来那些混乱的非自己并不属于你,你可以活出不同以往的生命,充满全新的希望。

(当我第一次知道人类图,明了自己的设计时,感觉前方迅速打开了一扇全新的大门,感觉自己的生命即将彻底改变,充满好奇心与热情,想继续探索下去。)

在第一阶段的曙光乍现之后,进入第二阶段:"挖掘潜能"。你开始实验,也开始探索什么是回到内在权威与策略。由于与过往习惯的模式截然不同,开始逐渐失去耐性,只想找到快速解决之道,这是从黑暗中走向发现自我的必经过程。如果留心区分自己内在的混乱,就能听见自己脑袋所编织出来的一大堆借口,同时也会有某些特定的事实开始浮现,透露出你真正的本性与潜能。

(怀双胞胎、当家庭主妇、继续分析师学业,同时还写专栏,以为只要蛮干,依照旧有的模式,就能顺利完成任务,却不断落入怀疑自己的窠臼,在其中苦撑、纠结与挣扎。)

第三阶段:"自我整合。"开始体会并认知到,每个人看待生命的角度与观点真的很不同,依循你的内在权威与策略，继续过生活。察觉力愈来愈提升，明白谁才是真正适合你的朋友，也愈来愈懂得如何尊重自己内在的声音。

（开始运用人类图的知识与体会，以不同的观点看待自己与周围的人，一点一滴地接纳与和解，与婆婆的关系开始转变。）

第四阶段是属于"平衡"。走到这里，你所累积的经验已经可以证明，运用自己的人生策略与内在权威，人生的体验真的变得很不一样，比如说：显示者会发现，看似简单的告知，真的会改变与周围人的关系；生产者不再胡乱发起，开始认同并尊重荐骨回应的机制；而投射者可以分辨正确的邀请，的确让原本的苦涩度大幅降低；反映者则是体验到经过一个月的沉淀才做决定，是自然而清明的过程。由于愈来愈清楚非自己的把戏，从而释放自己真正的能量。

（顺利拿到人类图分析师认证，开始接个案解读，在育儿与职场之间学习平衡，感觉生命转了一个弯，从此观看全然不同的风景。）

这时候要恭喜你开始与生命共舞，迎向第五阶段"成长"。走上属于你真正的人生道路。非自己对你的影响与操控将愈来愈少，与其执着于虚伪不真实的角色，还不如活出真正的自己。这个阶段你遇到的阻力会变得愈来愈少，无形中益发感觉到平和、满足、成功与惊喜。

（人类图课程开始开班，梦见梦中的教室，开始写今日气象报告，做自己真心喜爱的事情。）

第六阶段是属于"回归中心"。过往这些陈旧制约的桎梏，已经逐渐脱落，每一次脱胎换骨的体悟，都会将你送往更接近自己的轨道，你所付出的心力相对来说愈来愈少，你已经能将内在权威与策略整合得非常好，属于你生命本质的美好，也愈来愈闪耀。

（开始出现演讲与写书的邀约，研发、参与更多人类图相关课程与工作坊，认识更多不同领域的朋友，有机会对更多人介绍人类图。）

第七阶段："实现。"走到这里，就算非自己的混乱仍不时会冒出来，但是你已经能够不被影响。引导你走向人生目的的各式路标，开始不停出现在你的人生轨道旁，让你终于明白这就是自己的天命，是你的人生使命。改变发生于内在，你的生命力已经可以在人生中完全展现，外在的障碍与控制开始自动移除，你将吸引四面八方更多良善的力量，协助你，支持你，发光发亮。

（到西班牙与老师们见面，理解自己此生的使命，成立人类图中文官方分部——亚洲人类图学院，全力投入人类图中文化的过程。）

究竟，回到内在权威与策略的我，会活出一个什么样的人生呢？

我无法为你回答这个问题，生命并不是一道习题，人类图无法提供你答案，事实上也无人可以。唯有你真实回到每一刻，回到自己的内在权威与策略去做决定，好好体会这段过程中的点滴，真实地去生活。不管顺境逆境，都完整而圆满地去体会自己，体验这趟生命的旅程，并谦卑地从中学习。

在脑袋的层面知道之后，在生活中身体力行、真正实践出来，需要许许多多的练习。如果对自己诚实，我们的许多问题，其实并不是不知道该怎么办，但是面对来自外在环境的制约与期待，并不是每一个人都有勇气与决心，坚持自己最单纯的心意，做自己真正想做的事情。

知道，然后呢？你愿意接纳完整的自己，准备好要活出自己的精彩了吗？

请回到你的内在权威与策略，体验这一趟在这婆婆世界的奇幻旅程。每一天，对我们来说都是很棒的练习，练习祖师爷最爱说的：

没有选择，爱你自己。

后记

　　这本书很难写，除了想传递人类图知识之外，也是回顾过去近九年来的经历。有许多发生在生命中的事，原本以为记忆模糊，透过书写，出乎意料地从我的指尖嗒嗒嗒地流泻出来，写书的过程不是很顺，停停走走，顺利的时候行笔疾快无停缓，卡住的时候脑袋一片空白，就算急躁烦闷，也丝毫无法勉强自己。

　　写的都是真人实事，同时，这本书的内容也实在太个人化了，像是我在心里说话，说给你听，也说给自己听，常常写着写着，就会一个人坐在计算机前，忍不住哭了起来。

　　那眼泪并非全然都是悲伤，而是百感交集，融合着伤感、感谢、释怀、希望、感动……想起当初自以为的孤独，想起曾经走过的灰暗，还有这一路上如此幸运，总能有家人还有许许多多好朋友相伴，义气相挺，以各种方式鼓励我，支持我，爱着我，真的很感谢。

书写到最后阶段，我们全家做了一趟长途旅行，我们带孩子回到新西兰的爸妈家，也去南岛走走，让孩子有机会在高原冰山湖旁奔跑，体验一下无敌美丽的南半球风景。

　　十八岁那一年，第一次来新西兰，旧地重游，景物多半依旧。

　　这一次，带孩子们来到南岛的特卡波湖（Lake Tekapo），我一直很喜欢这个湖，因为它超级蔚蓝，雪山上头的冰雪，融化之后汇集成湖，湖水中有丰富的矿物质，颜色是梦幻得像混入牛奶般的土耳其蓝。湖边的"好牧羊人教堂"（Church of the Good Shepherd）是一座极小巧的石造小教堂，整座教堂仅能容纳八十人，与一般教堂的不同之处在于教堂里头没有任何雕像，正中央的祭坛上，只见一个简简单单的十字架，背后是一整片干净又朴素的玻璃窗，可以看见外面天然的湖光山色。走进小教堂里，静静坐下来，望着美景，与内心的神说说话。

　　这是我第三次再度踏进好牧羊人教堂。第一次是在十八岁那一年，与外婆还有妈妈跟着旅行团第一次到新西兰来玩。第二次是二十七岁的时候，那一年我已经回中国台湾定居，在某家外商公司上班，当时带一群同事一起来新西兰玩。这次是第三次，这一次，我带着全家老小一起前来。

　　这座石头的小教堂好美，土耳其蓝的湖水也是，面对不可思议的美景，我清晰记得上次来的时候，在教堂里静静坐了很久。当时的我年轻又纠结，不是很喜欢自己，对工作也感到迷惘，不知道人生是否真的有意义，什么才值得自己去追寻？

我好喜欢这里，于是，在内心默默许下一个心愿：有一天，我一定会再回来，希望下次当我回来的时候，我已经觉得自己很好，至少为自己成就了些什么而感到骄傲，但愿我可以找到内心的解答，过着一个有意义的人生。

一晃眼，十四年过去了。

没有任何刻意的安排，也或许是宇宙替我做了最好的安排，无巧不巧，就在四十一岁生日那一天，我又再度踏进好牧羊人教堂，来到这个一直停留在我心上、最简洁也最接近神的地方。孩子们在外头正尽情奔跑喧哗，玩得开心，而我，静静坐在教堂里的原木长椅上，满眼含泪，内心有说不出的激动，谢谢宇宙至高无上力量的安排，已然获得平和，也有了解答。

在特卡波湖的好牧羊人教堂外头，还有通往南岛库克山的沿路上，每年季节一到，会开满一整片一整片鲁冰花，香气扑鼻，粉紫粉红拓开来，热闹得像一场花神的庆典。这数也数不尽的鲁冰花，开在湖边、路旁，漂亮极了，带着一种不可思议的魔力，让人恍如置身天堂，这成片绽放的鲁冰花，据说来自一个奇妙的故事。

传说中，有一位新西兰的老婆婆，希望自己可以做一件令世界变得更美丽的事，她想了许久，突然有了个好点子，她买了一包又一包的鲁冰花种子，一边散步，一边撒在行经的土地上，然后啊，第二年，到处都开满了美丽的鲁冰花。这个故事后来被改编成《花婆婆》这本童书，启发了更多孩子，也感动了许多大人们。

"如何因为我，让这个世界变得更好、更美丽呢？"

一路上，遍地的鲁冰花似乎对我笑着，迎着风摇曳着，芳香四溢。我想着，但愿接下来的生命旅程，我可以一直一直当一个撒种子的人，就像传说中这位新西兰的老婆婆一样。

但愿我可以贡献一己之力，传递人类图的讯息，就像那一颗颗的种子，乘着祝福的翅膀，落在你心上。

若是因缘具足，当风吹起，种子将发芽，茁壮成长，然后开花，如果每一个人都能爱自己，活出自己，相互学习，相互尊重，自然而然地，我们将拥有一个更美丽的世界，有一天，遍地开花，美丽又芬芳。

我很期待，也相信那一天一定会到来。

后　记